MATLAB实例教程及在电力变压器系统中的应用

彭文亮　曹　宇　苏秉华　闻　新

编著

U0387595

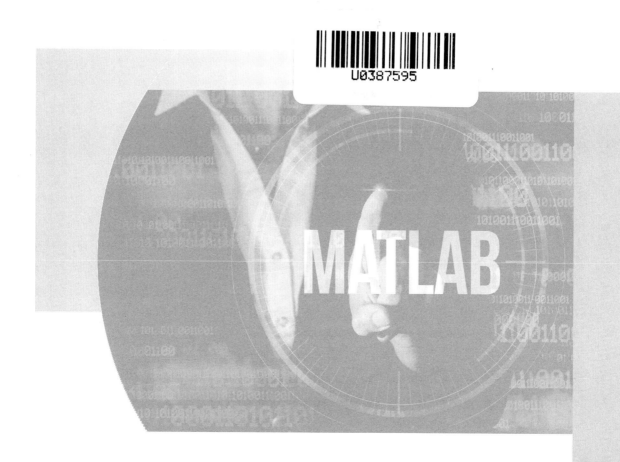

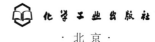
化学工业出版社

·北京·

内容简介

本书主要介绍 MATLAB 的基础知识与具体应用。 本书共 9 章，首先介绍了 MATLAB 的系统功能和特征，然后全面介绍了 MATLAB 的基本用法和技能，讲述了 MATLAB 的程序编写、科学计算和绘制图形等设计过程与方法，具体包括 MATLAB 简介、MATLAB 基础知识、MATLAB 程序设计、数值计算、矩阵运算、符号运算、图形绘制、高级图形绘制等。 为了引导读者快速掌握和理解 MATLAB 的应用技巧，在每节都针对具体指令、语句和函数，给出了便于理解的范例和要点解释。 为了引导读者学会应用 MATLAB 来解决实际问题，在第 8 章与第 9 章给出了 12 个电力变压器系统的案例和 MATLAB/SIMULINK 在电力变压系统中的综合应用案例。

本书可作为工程技术人员学习 MATLAB 的参考书，也可作为高等院校本科生的教材。

图书在版编目（CIP）数据

MATLAB 实例教程及在电力变压器系统中的应用／彭文亮等编著. -- 北京：化学工业出版社，2025. 2.

ISBN 978-7-122-46681-5

Ⅰ. TM41-39

中国国家版本馆 CIP 数据核字第 202492TM38 号

责任编辑：严春晖　张海丽　　　　　装帧设计：刘丽华
责任校对：王鹏飞

出版发行：化学工业出版社
　　　　　（北京市东城区青年湖南街 13 号　邮政编码 100011）
印　　装：大厂回族自治县聚鑫印刷有限责任公司
787mm×1092mm　1/16　印张 13¾　字数 322 千字
2024 年 12 月北京第 1 版第 1 次印刷

购书咨询：010-64518888　　　　　售后服务：010-64518899
网　　址：http://www.cip.com.cn
凡购买本书，如有缺损质量问题，本社销售中心负责调换。

定　　价：98.00 元　　　　　　　　版权所有　违者必究

自美国 MathWorks 公司推出 MATLAB 以来，这款软件越来越受到关注。1993 年，MathWorks 公司推出了基于个人计算机的 MATLAB 4.0 版本，1995 年推出了 MATLAB 4.2c 版本，从 1996 年 12 月的 5.0 版起，MATLAB 经历了 5.1、5.2、5.3 等多个版本的不断改进，2000 年 10 月底推出了全新的 MAT-LAB 6.0 正式版（Release12），在数值算法、界面设计、外部接口、应用桌面等诸多方面有了极大的改进。

MATLAB 的这些特点使它获得了对应用学科的极强适应力，它推出不久，就很快成为应用学科计算机辅助分析、设计、仿真和教学不可缺少的软件，并已应用在信号分析、语音处理、图像识别、统计分析、自动控制等领域中。

MATLAB 的最新版本是 2024 年 3 月发布的 MATLAB（R2024a）。在 MATLAB（R2024a）中提供了数百种新的和更新的特性和功能，但考虑到中国教师和学生一般不随 MATLAB 版本的更新而进行软件升级，所以本书基于 MATLAB（R2021a）版本编写。对于一般的应用，MATLAB（R2021a）和 MATLAB（R2024a）区别并不大。

本书总共分 9 章：第 1 章为 MATLAB 概论，让读者全面了解 MATLAB（R2021a）版本的功能特性；第 2 章叙述了 MATLAB 数值运算和功能函数的使用方法；第 3 章介绍了矩阵运算和操作，包括 MATLAB 符号矩阵的运算和分解等内容；第 4 章介绍了 MATLAB 程序设计的基础知识，主要包括 M 文件、流程控制语句以及程序设计的技巧三个方面；第 5 章将带大家了解 MATLAB 中的函数，详细说明在数值计算和信号处理中比较常用的函数，例如三角函数、矩阵函数和傅里叶变换函数等，另外还有一些特殊的函数；第 6 章首先归纳出 MATLAB 中常用的绘图指令，然后对其语法和用法加以说明，之后通过范例，让读者加深对这些指令的理解；第 7 章在第 6 章基础上，针对绘图函数做进一步的进阶与解析；第 8 章是 MATLAB 在电力变压器中的应用案例，让读者体会 MAT-LAB 的图形处理功能和简单应用；第 9 章介绍了 MATLAB 在电力变压器系统中的综合应用。虽然本书没有介绍神经网络理论知识，但由于采用了一步一图的方式进行叙述，所以即便没有神经网络理论基础的读者在阅读过程中也不会受到阻碍，相反，还会取得意外收获，因为 MATLAB 软件强大的功能更在于它的工具箱。

此外，本书还具有以下特色。

① 一般归纳和算例并重　本书对功能、指令函数做一般描述的同时，提供了上百个算例。书中所有算例的程序、指令和函数调用所得的结果，都经过编著者实践。

② 系统论述和快速查阅兼顾　本书对 MATLAB 各功能函数进行了系统讲述，但就每章内容而言，它们相对独立，因此，本书既可系统学习，也可随时查阅。此外，本书既可以用于 MATLAB 程序设计基础知识的学习，又可以作为 MATLAB 的速查手册使用，方便读者。

③ 简单易学　以范例为主，图文为辅，通过应用例子，一步一步带领读者进入 MATLAB 的工作环境和掌握编程技巧。

本书主要由彭文亮、曹宇、苏秉华、闻新编写。书中第 8 章是 MATLAB 在电力变压器中的计算与应用，由苏州科技大学天平学院学生完成，其中例 8.1 由周骏杰同学完成、例 8.2 由王佳瑞同学完成、例 8.3 由王凯同学完成、例 8.4 由谢昕晋同学完成、例 8.5 和例 8.6 由喻加林同学完成、例 8.7 和例 8.8 由张烨阳同学完成、例 8.9 由谢昕晋同学完成、例 8.10 由林子阳同学完成、例 8.11 由张永康同学完成、例 8.12 由周靖宗同学完成。此外，胡兆东老师、谷雨老师和张巳萍老师也分别参与了部分内容的程序调试工作。

本书获得了北京理工大学珠海校区电气自动化专业建设经费的支持，在此表示感谢。因编著者水平所限，书中尚存在一些不足和疏漏之处，欢迎读者批评指正。

编著者

2024 年 6 月

目录

随着科学技术的发展，MATLAB 的功能不断提高和增强，进而使得 MATLAB 在科学研究中起着越来越重要的作用。本章主要介绍 MATLAB（R2021a）丰富强大的功能模块，目的是让读者对 MATLAB 软件平台有一个概括性的了解。

1.1　MATLAB 功能和发展历史

科学计算是伴随电子计算机的出现而迅速发展并获得广泛应用的新兴交叉学科，是数学及计算机应用于高科技领域必不可少的工具。通常的实际问题，可以根据物理的定律或假设，推导出映射此现象的数学公式或模型。透过数学分析与计算，再经计算机计算之后，可以模拟、估计与预测问题的现象，这也称为计算机仿真。

计算机仿真大致可以分为以下几个步骤。

第 1 步，建立数学模型。通过对实际问题进行数学抽象得到一个数学模型，这个模型必须简单、合理、真切地反映实际问题的本质。因此，在这个过程中应当深入了解实际问题，通过数学、实验、观察和分析相结合，建立优质的数学模型。

第 2 步，设计高效的计算方法。通过对数学模型分析，针对不同的问题设计高效的算法。在这个过程当中需要考虑算法的计算量以及计算所需要的存储空间等问题，在计算中，时间与空间是相互矛盾的两个量，如何在这两者之间取舍，是设计算法时需要考虑的问题。

第 3 步，分析计算方法。对第 2 步给出的算法进行理论分析，如算法的收敛速度、误差估计和稳定性等。

第 4 步，程序设计。根据设计的算法，编写高效的程序，并在计算机上运行，来验证第 3 步所做的理论分析的正确性及所用的计算方法的有效性。

第 5 步，计算模型算法。将设计的程序运用于第 1 步建立的数学模型，并将得到的数值结果与实际问题相比较，以考证所建立数学模型的合理性。对建立的数学模型考证完毕后，就可以进行预测和评估，并得到相应的结论。

计算机的快速发展使得人们越来越广泛地使用计算机来模拟客观的现实世界，从而预测和估计未来的趋势、模拟在实验中无法重复或进行的自然社会现象。因此，科学计算已经成为科学活动的前沿，它已上升成为一种主要的科学手段。事实上，科学计算的兴起已使其形成与实验、理论鼎足而立之势，三者已成为科学研究方法上相辅相成而又相互独立、相互补充而又彼此不可或缺的三个主要方法。

MATLAB 是 MathWorks 公司开发的集算法开发、数据可视化、数据分析以及数值计算于一体的一种高级科学计算语言和交互式环境。它为满足工程计算的要求应运而生，经过不断发展，目前已成为国际公认的优秀数学应用软件之一。MATLAB 不仅可以处理代数问题和数值分析问题，而且还具有强大的图形处理及仿真模拟功能，它能很好地帮助工程师及科学家解决实际的技术问题。

作为一种数学应用软件，MATLAB 的发展与数值计算的发展密切相关。20 世纪 70 年代中期，时任美国新墨西哥大学计算机系主任的 C. Moler 教授出于减轻学生编程负担的动机，为学生设计了一组调用 LINPACK 和 EISPACK 库程序的"通俗易用"的接口，并以 MATLAB 作为该接口程序的名字，意为矩阵实验室（matrix laboratory），此即为用 FOR-TRAN 编写的 MATLAB。经过几年的校际流传，在 Little 的推动下，Little、Moler、Bangert 合作，于 1984 年成立了 MathWorks 公司，采用 C 语言编写 MATLAB 的内核，而且除原来的数值计算能力外，还新增了数据图形化功能。

1993 年，MathWorks 公司发布了适用于个人计算机的 MATLAB 4.0 版本。随后在 1995 年，又推出了 MATLAB 4.2c 版本。自 1996 年 12 月推出 5.0 版本起，MATLAB 历经 5.1、5.2、5.3 等多个版本的持续优化。到了 2000 年 10 月底，全新的 MATLAB 6.0 正式版（Release12）问世，该版本在核心数值算法、界面设计、外部接口、应用桌面等多个方面均有了显著提升。

这时的 MATLAB 支持各种操作系统，它可以运行在十几个操作平台上，其中比较常见的有基于 Windows 9X/NT、OS/2、Macintosh、Sun、UNIX、Linux 等平台的系统。

21 世纪初期，MATLAB 已经超越了其最初的矩阵实验室的概念，发展成为一种具有广泛适用性的先进计算机编程语言。2001 年，MathWorks 发布了 MATLAB 6.x 系列，这一版本不仅继承了其在数值计算和图形可视化方面的传统优势，并且推出了 Simulink，为使用 MATLAB 进行实时数据分析、处理以及硬件开发开辟了新的途径。

2004 年 6 月，MATLAB 7.0 版本（即 Release14）问世，并随后更新至 7.0.1、7.0.4、7.1 等版本。到了 2006 年 9 月，MATLAB R2006b 正式推出。自那时起，MathWorks 公司确立了每年两次的产品发布周期，分别定在每年的 3 月和 9 月，每次发布都涵盖了所有产品模块的更新。

1.2 MATLAB 工具的优点

MATLAB 不仅是一种直观、高效的高级语言，同时又是一个科学计算的平台。它功能强大、简单易学、编程效率高，应用 MATLAB 系统进行科学计算具有非常大的优势，深受广大科技工作者的欢迎。

MATLAB 提供了一种高级语言和多种开发工具，可以迅速开发、分析算法和实际应用。由于 MATLAB 语言支持矢量和矩阵操作，以矩阵作为语言系统的最基本要素，从而极大地简化了线性运算；矩阵和矢量操作是科学计算的基础，从而大大提高了科学计算的效率。因为 MATLAB 语言不需要执行低级管理任务，如声明变量、指定数据类型、分配内存，而且在许多情况下，MATLAB 不需要使用"for"循环，通常只用一行 MATLAB 代码代替多行 C 或 C++ 代码，因此可以比传统语言更快地编程和开发算法。同时，MATLAB 提供了传统编程语言的所有功能，包括数学运算、流程控制、数据结构、面向对象的编程和调试功能。

考虑矩阵和矢量计算的复杂编程问题，MATLAB 采用处理器优化程序库，对通用标量计算，MATLAB 使用 JIT（just in time）汇编技术生成机器代码。这种技术可以用于大多数平台，提供了相当于传统编程语言的执行速度。

MATLAB 包含多种开发工具，帮助有效实现算法，包括 MATLAB Editor（提供了标准编程和调试功能，如设置断点和单步执行）、M-Lintcode Checker（分析代码，推荐改动方案，改善性能和维护能力）、MATLAB Profiler（记录执行每行代码所用的时间）、Directory Reports（扫描一个目录下的所有文件，报告代码效率、文件差异、文件相关性和代码覆盖范围）。

另外，MATLAB 具有丰富的应用功能，大量实用的辅助工具箱适合不同专业研究方向及工程需求的用户使用。MATLAB 系统由两部分组成，即 MATLAB 主程序、Simulink 动态系统仿真及辅助工具箱，它们构成了 MATLAB 的强大功能。

MATLAB 内核是 MATLAB 系统的核心内容，包括 MATLAB 语言系统、MATLAB 开发环境、MATLAB 图形系统、MATLAB 数学函数库以及 MATLAB 应用程序接口等。MATLAB 语言系统从本质上讲是以矩阵的存储和运算为基础的，几乎所有的操作都可以归结为矩阵的运算，同时 MATLAB 语言系统也具有结构化程序设计语言的一切特征。MATLAB 开发环境有基本开发环境与辅助开发环境。其中，基本开发环境包括启动和退出 MATLAB、MATLAB 桌面系统、MATLAB 函数调用系统以及帮助系统；辅助开发环境包括工作空间、路径和文件管理系统。MATLAB 系统提供了强大的图形操作功能，可以方便地将分析数据可视化，图形用户界面（Graphical User Interface，GUI）的推出充分展现了 MATLAB 在图形用户界面处理中的应用。MATLAB 数学函数库涵盖了几乎所有的常用数学函数，这些函数以两种不同的形式存在，一种是内部函数，另一种是 M 函数。MATLAB 的应用程序接口可以让 MATLAB 语言同其他计算机语言（如 C 语言、FORTRAN 语言）进行数据交换，从而大大提高运算速度。

MATLAB 的强大功能很大程度上源于它所包含的众多辅助工具箱。工具箱分为辅助功能性工具箱和专业性工具箱。辅助功能性工具箱主要用来扩充其符号计算功能、可视建模仿真功能及文字处理功能等。而专业性工具箱是由不同领域的专家学者编写的针对性很强的专业性函数库，如数学优化工具箱、金融建模和分析工具箱、控制系统设计和分析工具箱等。正是这些强大的专业性工具箱，使得 MATLAB 在科学计算的各个领域有着广泛的应用。

MATLAB 系统提供的 Simulink 模块大大地增加了 MATLAB 的功能，使得用户能对真实世界的动力学系统进行建模、模拟和分析。

1.3　Desktop（桌面）菜单

启动 MATLAB 后，出现它的默认布局，如图 1-1 所示，包括如下功能区域：

当前文件夹：访问您的文件；

命令窗口：在命令行输入命令，提示符（≫）表示；

工作区：探索您创建或从文件导入的数据。

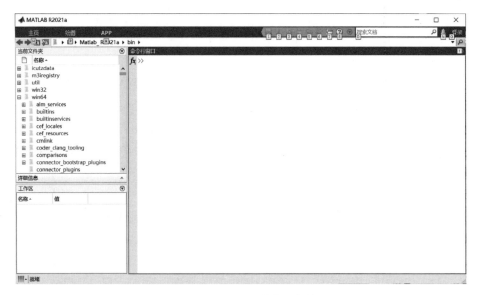

图 1-1   MATLAB 的桌面菜单

命令窗口是执行和生成数据和变量的工作区，MATLAB 系统提供了一系列常用命令，现将这些命令在表 1-1 中简要列出。

表 1-1   工作空间常用命令

MATLAB 命令	功能
clc	清除一页窗口命令，光标回到命令窗口左上角
clear	清除工作空间中的所有变量
clear all	清除工作空间中的所有变量和函数
clf	清除图形窗口的内存
delete＜文件名＞	从磁盘删除指定文件
demo	启动 MATLAB 演示程序
diary name.m	保存工作空间一段文本到文件 name.m
echo	显示文件中 MATLAB 命令
help＜命令名＞	查询命令名的帮助信息
load name	提取文件"name"中的所有变量到工作空间中
load name x y	提取文件"name"中的所有变量 x、y 到工作空间中
lookfor name	在帮助信息中查找关键字 name
path	设置或查询 MATLAB 路径
save name	将工作空间的变量保存到文件 name.m
save name x y	将工作空间的变量 x、y 保存到文件 name.m

MATLAB 命令	功能
type name.m	在工作空间中查看文件 name.m
what	列出当前目录下的 M 文件和 MAT 文件
which<文件名>	查找指定文件的路径
who	列出当前工作空间中的变量
whos	列出当前工作空间中的变量及信息

1.4　掌握 MATLAB 工具的学习策略

MATLAB 功能强大，简单易学，非常灵活，涉及的内容非常丰富。要学好 MATLAB，总的来看，可以归纳如下几点。

① 多写程序，多调试。如果不动手写程序，不调试，编程水平是不会提高的。遇到问题，多想想，多试试，有时候一个小问题可能要想好久才能解决，写程序容易调试难，等到终于解决问题时，或许会发现在这个过程中学到了很多东西。编程就是在解决问题的过程中不断积累经验，从而将原来不是自己的知识变成自己的知识，这样以后解决问题的能力就大大提高了。在学习当中要对自己有信心、有耐心，有了问题先自己努力想一遍，实在想不出来再请求别人帮助。

② 学会利用 MATLAB 的帮助工具。大部分问题都可以在 MATLAB 的帮助里找到解决方法，大问题可以转换为小问题，小问题可以转换为函数，函数或许就可以在帮助中找到，从而解决问题。MATLAB 里的函数非常多，要想一下子记住所有的函数是有困难的，有了帮助就可以解决问题。

③ 善于学习别人的程序。在解决问题的过程中，有时候发现别人用了更加简便的方法实现了相同的功能，这时就要好好学习别人的编程经验，努力使之成为自己的东西。多读读高手写的程序可以更快地提高编程能力，同时要学会举一反三，学会变通。

④ 要大胆地去试。试过才知道对不对、可不可以，学习都是一个从不懂到懂的过程。在不断尝试的过程中可以学到更多的知识，或许还可以从中发现一片新天地。

⑤ 学会利用网络搜索所需要的 MATLAB 技巧和发现问题。人们都知道"知识就是力量"这句名言，随着信息技术的发展，我们进入了网络时代，网络让知识共享，所以，目前"知识已经不再是力量，而知识转化才是力量"。

第2章

变量与表达式

与其他高级的编程语言一样，要学会使用 MATLAB，首先要认识 MATLAB 所使用的变量以及运算符；所有复杂的表达式，都是由最基本的变量和运算符组成的。本章先讨论 MATLAB 所用到的运算符，在此基础上进一步讨论其所使用的变量。

2.1 运算符

MATLAB 中所用到的运算符共有三类：
① 算术运算符，如加减乘除四则运算、开方、立方等；
② 关系运算符，用来进行数值间的比较，如大于、小于等；
③ 逻辑运算符，进行逻辑运算，如与（AND）、或（OR）、非（NOT）等。

2.1.1 算术运算符

现将 MATLAB 用到的算术运算符以表格的形式罗列，见表 2-1，这些运算符既可以直接在命令窗口（Command Window）中输入，也可以在编写 M 文件时使用。

表 2-1　MATLAB 用到的算术运算符

运算符	语法	释义
＋	plus	相加
＋	uplus	正号
－	minus	相减
－	uminus	负号
＊	mtimes	矩阵相乘
.＊	times	阵列相乘
/	mrdivide	矩阵右除
./	rdivide	阵列右除
\	mldivide	矩阵左除
.\	ldivide	阵列左除
^	mpower	矩阵次方
.^	power	阵列次方

下面通过一系列范例来体会这些运算符的用法。

例 2.1.1　设 $a=9$，$b=25$，$c=a+b$，求 c 的值。

在命令窗口中输入：

a＝9 回车,b＝25 回车,c＝a＋b 回车

在命令窗口中显示：

```
≫ a＝9
a ＝
     9
≫ b＝25
b ＝
    25
≫ c＝a＋b
c ＝
    34
```

依加法定律可得，结果 c 即为 a 与 b 的"和"。此处每给 a 或 b 赋值一次，回车键按下之后，命令窗口即显示变量的值，有的时候这样显示会影响阅读，可在表达式末尾加上";"，这样同样可以运算，但结果不会显示出来。

例 2.1.2　设 $a=9$，$b=25$，求 plus（a，b）的值。

在命令窗口中输入：

```
≫ a＝9;
≫ b＝25;
≫ plus(a,b)
```

在命令窗口中显示：

```
ans ＝
   34
```

这里是使用函数 plus(x,y) 来求 a 与 b 的"和"，函数 plus(x,y) 是 MATLAB 自带的一个函数，其返回的结果即为参数 x 和 y 的"和"。这里的 ans 是 MATLAB 自动生成的一个临时变量，如果在命令窗口输入命令或在编写 M 文件时不指定返回值赋给的变量，则 MATLAB 自动生成一个变量 ans 用于保存该步运算的结果。同时可以看出，此处 a、b 的赋值语句后面都加上了";"，所以按下回车键，命令窗口中并未显示所赋的值。

例 2.1.3　设 $\boldsymbol{a}=[1，3，5]$，$\boldsymbol{b}=[6，4，2]$，求 $\boldsymbol{a}+\boldsymbol{b}$ 的值。

在命令窗口中输入：

```
≫ a＝[1,3,5];
```

```
≫ b=[6,4,2];
≫ a+b
```

在命令窗口中显示：

```
ans =
    7    7    7
```

可以看出，结果是一个 $1×3$ 维的矩阵，结果的每个元素都是 a 和 b 的对应元素的"和"，在进行矩阵加减法的时候要求两个矩阵的维数相同。

例 2.1.4　设 $a=3$，$b=4$，求 $a*b$ 的值。

在命令窗口中输入：

```
≫ a=3;
≫ b=4;
≫ a*b
```

在命令窗口中显示：

```
ans =
    12
```

由乘法定律可知，结果即为两者的"积"。

例 2.1.5　设 $a=[1\ 2\ 3]$，$b=[4\ 5\ 6]$，求 $a*b$ 的值。

在命令窗口中输入：

```
≫ a=[1 2 3];
≫ b=[4 5 6];
≫ a*b
```

在命令窗口中显示：

```
Error using ==> *
Inner matrix dimensions must agree.
```

结果报错。由于"*"表示矩阵相乘，那么相乘的两个矩阵必须满足"前一个矩阵的列数等于后一个矩阵的行数"的原则，此处 a 与 b 都是 $1×3$ 的矩阵，显然不满足该条件，所以结果报错。另外，本例中矩阵赋值语句与例 2.1.3 有所区别，例 2.1.3 中每两个元素之间都以","隔开，而本例中以空格代替","，这两种做法是等效的。

例 2.1.6　设 $a=[1\ 2\ 3]$，$b=[4\ 5\ 6]^{\mathrm{T}}$，求 $a*b$ 的值。

在命令窗口中输入：

```
≫ a=[1 2 3];
≫ b=[4 5 6]';
```

```
≫ a * b
```

在命令窗口中显示：

```
ans =
    32
```

符号"'"表示矩阵的转置，加上这一符号之后，矩阵 a 和 b 即满足矩阵相乘的条件，结果如上所示，是对应元素乘积的代数和。

例 2.1.7　设 $a=[1\ 2\ 3]$，$b=[4\ 5\ 6]$，求 $a.*b$ 的值。

在命令窗口中输入：

```
≫ a=[1 2 3];
≫ b=[4 5 6];
≫ a. * b
```

在命令窗口中显示：

```
ans =
    4    10    18
```

可以看出，阵列相乘".*"的结果是两矩阵对应元素分别相乘，因此要求两个矩阵维数必须相同，a 与 b 阵列相乘的结果仍然是一个 $1×3$ 维的矩阵。

右除"/"的运算与常见的除法"/"相同，这里不赘述，下面讨论左除 \ 的使用。

例 2.1.8　设 $a=9$，$b=3$，求 $a \backslash b$ 的值。

在命令窗口中输入：

```
≫ a=9;
≫ b=3;
≫ a\b
```

在命令窗口中显示：

```
ans =
    0.3333
```

由此可见，左除即表达式中"\"的右侧是被除数，左侧是除数。

此处 MATLAB 的结果保留小数点后 4 位数字，若想保留更多位数，可以在命令窗口中使用指令"format long"，如：

```
≫ format  long
≫ a\b
```

在命令窗口中显示：

```
ans =
```

0.333333333333

例 2.1.9　设 $a = [1\ 2\ 3]$，$b = [3\ 6\ 9]$，求 a/b 的值。

在命令窗口中输入：

≫ a=[1 2 3];
≫ b=[3 6 9];
≫ a/b

在命令窗口中显示：

ans =
   0.3333

例 2.1.10　设 $a = [1\ 2\ 3]$，$b = [3\ 6\ 9]$，求 $a.\backslash b$ 的值。

在命令窗口中输入：

≫ a=[1 2 3];
≫ b=[3 6 9];
≫ a.\b

在命令窗口中显示：

ans =
   3　　3　　3

阵列左除与阵列相乘类似，同样要求两矩阵维数相同，对应位上的元素分别左除，a 与 b 运算的结果也是 1×3 维的矩阵。

2.1.2　关系运算符

MATLAB 用到的关系运算符见表 2-2。

表 2-2　MATLAB 使用的关系运算符

运算符	语法	释义
>	gt	大于
=	eq	等于
<	lt	小于
>=	ge	大于或等于
<=	le	小于或等于
~=	ne	不等于

下面以一个例子加以说明用法。

例 2.1.11　设 $a = [1, -1, -3; 2, 3, 5; 2, -2, -4]$，设计一个程序将 a 中小于 0 的元素所处的位置找出来。

此例我们用 M 文件来实现，M 文件的具体创建方法将在后续章节中介绍。

M 文件命名为 ex020111，内容如下：

```
%找出小于 0 的数的位置
a＝[1,－1,－3;2,3,5;2,－2,－4]
b＝find(a＜0)
```

在命令窗口中输入：

```
≫ ex020111
```

在命令窗口中显示：

```
a ＝

    1    －1    －3
    2     3     5
    2    －2    －4


b ＝

    4
    6
    7
    9
```

M 文件中的"%"是注释标识符，表示该行往后的语句都是注释。

矩阵 *a* 的赋值语句中，";"表示换行。"find（条件表达式）"是 MATLAB 自带的一个函数，作用是找出符合条件的元素在所搜索的矩阵中的位置。在命令窗口中调用 M 文件的方法是直接输入文件名，或者在"Current Directory"窗口中右击文件，点击"Run"。由结果可知，MATLAB 中的元素编号是以"列"为顺序的，即由上到下、由左到右的顺序。而 *b* 的值表示小于 0 的元素的位置的值，此处小于 0 的值为－1、－2、－3、－4，而他们所对应的元素位置的值为 4、6、7、9，即为 *b* 的值。

2.1.3　逻辑运算符

MATLAB 用到的逻辑运算见表 2-3。

表 2-3　MATLAB 用到的逻辑运算

运算符	语法	释义
&	and	逻辑与
|	or	逻辑或
～	not	逻辑非
―	xor	逻辑异或

运算符	语法	释义
—	any	只要有一个元素不为 0 即为真
—	all	必须所有的元素都不为 0 才为真

下面举几个例子加以说明。

例 2.1.12　设 $a=[1\,0\,1\,0]$，$b=[1\,1\,0\,1]$，求 a 和 b 逻辑与的值。

此例我们仍然使用 M 文件实现。

M 文件命名为 ex020112，内容如下：

```
%求 a 和 b 的逻辑与
a=[1 0 1 0]
b=[1 1 0 1]
and(a,b)
```

在命令窗口中输入：

```
≫ ex020112
```

在命令窗口中显示：

```
a =
   1   0   1   0

b =
   1   1   0   1

ans =
   1   0   0   0
```

此处，and(x,y)仍然是 MATLAB 的自带函数，用于求两数的逻辑与，也可以使用语句 a&b，达到同样的效果，但都要求两个参量的维数相同。由结果可以看出，只有两个矩阵对应位上的数同时为 1，结果才为 1，否则结果为 0。

例 2.1.13　设 $a=[1\,0\,1\,0]$，$b=[1\,1\,0\,1]$，求 a 和 b 逻辑或的值。

此例我们仍然使用 M 文件实现。

M 文件命名为 ex020113，内容如下：

```
%求 a 和 b 的逻辑或
a=[1 0 1 0]
b=[1 1 0 1]
a|b
```

在命令窗口中输入：

```
>> ex020113
```

在命令窗口中显示：

```
a =
    1    0    1    0


b =
    1    1    0    1


ans =
    1    1    1    1
```

这个例子与上例相似，只是改求两者的逻辑或而已，M 文件中的 a｜b 可以用 or(a,b)来代替，结果是一样的。

2.2　变量的基本规定与运算

MATLAB 有一个很大的优点，就是它能进行各种变量之间的运算，其中包括实数、虚数以及复变量的运算。本节将先对 MATLAB 使用到的变量进行讨论，然后就这些变量的基本规定与运算进行介绍。

2.2.1　标量与矢量

我们知道，物理上将自然界中所用到的各种物理量规定为标量和矢量。

所谓标量，是指只有大小，而没有方向的量，标量之间的运算是简单的代数运算。比如今天的气温是 15℃，小明有 5 个苹果等，这里的 15 和 5 只表示大小，没有方向的意义，因此都是标量。而明天气温上升 5℃和小明吃掉 1 个苹果则只要分别用 15 加上 5 和 5 减去 1 即可得到后来的温度和苹果数，均是简单的代数运算。

所谓矢量，就是指既有大小，又有方向的量。比如流星以 6×10^5 km/h 的速度撞向地球，则对于流星的速度，我们不仅要考虑到它的大小，同时也要关注它的方向。矢量的计算再也不是简单的代数相加减。例如，一个人先向东走了 500m，然后向南走了 200m，在求这个人距离起点多远时就不可以简单地用 500 加上 200，因为矢量是要考虑方向的。

在 MATLAB 中，阵列计算和矩阵计算是全然不同的。阵列是一连串具有逻辑相关的标量的组合，有行或者列的性质，或者同时具有行和列的性质，但其中的每个元素都是标量。而矩阵则是向量的一种延伸，即矩阵中元素之间不是标量的组合，而是向量的组合。

矩阵和阵列的计算的差异可以参照例 2.1.6（矩阵相乘）和例 2.1.7（阵列相乘）。有关计算会在本书后续章节中详细讨论。

2.2.2　复变量与虚数

在日常生活中，我们涉及的大多是实数域，而在工程运用上，实数域是不够用的，例如在电学领域，只使用实数会使计算非常困难，因此我们引入了复数。

复数的定义是：

$$z = a + bi$$

其中，z 为复数，a 和 b 都是实数，a 为复数的实数部分（简称"实部"），b 为复数的虚数部分（简称"虚部"），i 为虚数符号，且规定 $i^2 = -1$。可以看出，实数和虚数都只是复数的特例，这两者合成，才能构成完整的数值系统，即复数系统。于是，我们现在可以在复数域中找到负数的平方根。

2.2.3　变量基本规则与运算要点

MATLAB 可以轻而易举地进行实数、虚数和复数的运算，下面我们讨论一下这些变量的基本规定与运算规则。

① 变量的名称可以由英文字母、数字或符号组成，但第一个字母必须是英文，而符号中，只可以使用下划线"_"，不可以使用中文，但是在 MATLAB Editor/Debugger 中所编写的程序，可以使用中文进行存档。MATLAB 字母大小写严格区分，例如 A 和 a 分别表示不同的变量。变量名称可以任意长，但是 MATLAB 只鉴别前 19 个字符。在定义变量名时，应采用具有意义的名称以便于阅读。

② 矩阵的表示如下。

一维矩阵可表示为：

a＝[1 2 3]，或者 a＝[1,2,3]

则在命令窗口中显示：

```
a =
     1     2     3
```

二维矩阵可表示为：

a＝[1 2 3;4 5 6]或 a＝[1,2,3,4,5,6]

则在命令窗口中显示：

```
a =
   1     2     3
   4     5     6
```

同理，三维矩阵可表示为：

a＝[1 2 3;4 5 6;7 8 9]或者 a＝[1,2,3,4,5,6,7,8,9]

显示如下：

```
a =
   1     2     3
   4     5     6
   7     8     9
```

若在三维矩阵上加一个转置符号"'"即输入 a'，则显示为：

```
ans =
```

```
1      4      7
2      5      8
3      6      9
```

由此可以总结：矩阵表示中，每一行各元素之间可以用空格或"，"分隔，而行与行之间则以"；"相隔。

③ 凡是以"i"或"j"结尾的变量都视为虚数变量。

例如，在命令窗口中输入：

```
≫ a＝5i
```

则按下回车后显示如下：

```
a ＝
 0 ＋ 5.0000i
```

若是输入为复数形式 $z＝a＋bi$，例如，输入：

```
z＝3＋4i
```

则显示如下：

```
z ＝
 3.0000 ＋ 4.0000i
```

如前所述，此处 MATLAB 保留小数点以下的 4 位数字，也可使用语句"format long"保留更多位数。需要注意的是，复数的后部即"bi"表示的是"b＊i"，输入时省略了乘号"＊"，而只有在表示虚数的时候我们能够省略乘号，在别的时候若将其省略则会报错，例如"5a"就是错误的表示方法。i 或 j 也可以表示变量名，例如"i＝50"，这时候应把它看成一个变量，而不再是虚数符号了。

下面通过一系列范例来体会 MATLAB 中的各种变量的用法。

例 2.2.1　设 $a＝3＋4i$，$b＝5＋6i$，求 $c＝a＋b$ 等于多少。

在命令窗口中输入：

```
≫ a＝3＋4i;
≫ b＝5＋6i;
≫ c＝a＋b
```

在命令窗口中显示：

```
c ＝
   8.0000 ＋10.0000i
```

由此可见，复数的相加就是将实部与虚部分别相加，其结果仍然是一个复数。

例 2.2.2　设 $a＝3＋4j$，$b＝5＋6j$，求 $c＝a＊b$ 等于多少。

在命令窗口中输入：

```
≫ a＝3＋4j;
```

```
≫ b=5+6j;
≫ c=a*b
```

在命令窗口中显示：

```
c =
    -9.0000 +38.0000i
```

首先要注意，这里的 a 和 b 中都以"j"代替了"i"，这是因为在电学中，"i"代表的是电流，为了加以区别，虚数符号用"j"来表示，其性质和"i"一样，由此可见 MATLAB 人性化的一面。从结果可以看出，复数相乘，类似于因式分解，即两复数的实部、虚部乘以 i 或 j 分别看成一个因数。但要注意，"i^2"或"j^2"需要用"-1"代替。

例 2.2.3　求 A＝[3 4；5 6]＋i*[1 2；7 8] 等于多少。

在命令窗口中输入：

```
≫ A=[3 4;5 6]+i*[1 2;7 8]
```

在命令窗口中显示：

```
A =
    3.0000 + 1.0000i   4.0000 + 2.0000i
    5.0000 + 7.0000i   6.0000 + 8.0000i
```

对于这个例子，可以看出，结果中每个元素的实部都是左边矩阵的对应部分，每个元素的虚部都是右边矩阵的对应部分。很多人误解为，A 应该看成一个实数矩阵和一个虚数矩阵相加，其实这是不准确的，事实上，应该把 A 看成一个矩阵：

```
A =
    3.0000 + 1.0000i   4.0000 + 2.0000i
    5.0000 + 7.0000i   6.0000 + 8.0000i
```

例 2.2.4　求 A＝[3 4；5 6]＋[1 2；7 8]i 等于多少。

在命令窗口中输入：

```
≫ A=[3 4;5 6]+[1 2;7 8]i
```

在命令窗口中显示：

```
??? A=[3 4;5 6]+[1 2;7 8]i
Error:Missing operator,comma,or semicolon.
```

在这个例子中，由于[1 2；7 8]i 这种写法没有规定矩阵与虚数符号 i 的关系，因此 MATLAB 无法识别，所以报错。

例 2.2.5　设 A＝[3 4；5 6]＋i*[1 2；7 8]，求 A＋10 等于多少。

在命令窗口中输入：

```
≫ A=[3 4;5 6]+i*[1 2;7 8];
≫ A+10
```

在命令窗口中显示：

```
ans =
    13.0000 + 1.0000i   14.0000 + 2.0000i
    15.0000 + 7.0000i   16.0000 + 8.0000i
```

我们知道，矩阵加上一个数，等于矩阵的每一个元素都加上这个数。在本例中，矩阵的每个元素都加上了 10，而复数运算实部和虚部应该分别对待，由结果可知，实部都加上了10，而虚部不变。

例 2.2.6　设 $A=[3\ 4;\ 5\ 6]+i*[1\ 2;\ 7\ 8]$，求 $A+10i$ 等于多少。

在命令窗口中输入：

```
≫ A=[3 4;5 6]+i*[1 2;7 8];
≫ A+10i
```

在命令窗口中显示：

```
ans =
    3.0000 +11.0000i   4.0000 +12.0000i
    5.0000 +17.0000i   6.0000 +18.0000i
```

这个例子和上一个例子类似，结果是实部不变，虚部都加上 10。

2.2.4　数值表示语法整理

将数值表示的方法罗列在表 2-4 中，便于查阅。

这里需要注意如下几个问题：

① 表示虚数时，字母 i 和 j 不可以使用大写 I 和 J，否则将会出现下列错误信息：

`Error:Missing operator,comma,or semicolon.`

② 描述复数时不可以写成 a=3+j4 的形式，因为 j4 将会被看作另一个变量，会出现以下错误信息：

`??? Undefined function or variable 'j4'.`

③ 可以用变量 $A=[\ ]$ 来表示一个空矩阵。

④ 设 $A=[2\ 3\ 4;\ 6\ 7\ 8;\ 0\ 1\ 2]$，则可以通过下列方式取出 A 中的元素：

```
A(1,2)=3
A(3,3)=2
```

括号中左边的数表示元素所在的行标，右边的数表示元素所在的列标，即矩阵 A 的第 1

行第 2 列的元素是 3，第 3 行第 3 列的元素是 2。

⑤ 变量小数点后保留的位数可以用 format 指令来调整。

表 2-4   MATLAB 的数值表示方法

表 示	解 释
a＝5	整数
a＝3.14	实数
a＝3+4i 或 a＝3+4j	复数
a＝5i 或 a＝5j	虚数
a＝[3 4]	向量
a＝[1 2;3 4]	2 维方阵
a＝[1 2 3;4 5 6;7 8 9]	3 维方阵

 习题

1. 设 **A** ＝ [2 3 4；1 5 6；9 8 7]，**B** ＝ [3 2 1；6 5 4；7 8 3]，分别求下列表达式的值：
A＋B，A－B，A＊B，A.＊B，A/B，A./B，A^2。

2. 设 *A* ＝3+4j，*B* ＝5+6j，分别求下列表达式的值：
A＋B，A－B，A＊B，A.＊B，A/B，A./B，A^2。

3. 在命令窗口中输入下列表达式，查看结果，思考为什么。

```
A＝[3 4;5 6]＋i＊[1 2;7 8]
A＝[3 4;5 6]＊i＋[1 2;7 8]
A＝[3 4;5 6]＋[1 2;7 8].＊i
A＝[3 4;5 6]＋[1 2;7 8]＊I
```

习题参考答案

第3章

矩阵的特性与基本运算

本章开始进入 MATLAB 的矩阵运算编程的学习与实践。为了方便自学，本章引用大量的实例，帮助读者迅速理解 MATLAB 的各种矩阵运算函数。

"MATLAB" 是 "Matrix Laboratory" 的简称，一般将其翻译为 "矩阵实验室"，顾名思义，"MATLAB" 从字面上看就是一个虚拟的矩阵信息处理的实验室。实际上，MAT-LAB 所处理的数据就是以矩阵的形态构成的，也就是说，矩阵是 "MATLAB" 的基本数据单位，并且 MATLAB 最基本的功能就是进行矩阵运算或矩阵分析。

3.1 MATLAB 与矩阵运行的关系

MATLAB 平台是一个具有非常完整的矩阵分析及其相关运算的指令集的工具，特别是在如下领域：

- 矩阵分析；
- 控制系统；
- 信号处理；
- 影像处理；
- 神经网络；
- 系统仿真；
- 任务优化；
- 金融财务；
- 人机界面。

MATLAB 针对这九大领域，以工具箱的模式展示给用户，且每个工具箱都包含着该领域的最新研究成果，所以，MATLAB 不单单是一款非常强大的矩阵运算工具软件，更是一门具有紧密结合应用领域进行设计与分析的辅助设备，因此它为用户，尤其是众多科学工作者带来极大的便利。

本章从基础的矩阵运算开始，逐步引领读者学习和掌握 MATLAB 编程技巧。

3.2 矩阵的基本概念

首先，重新温习一下矩阵的概念。

由 $m \times n$ 个数 $a_{ij}(i=1,2,\cdots,m;j=1,2,\cdots,n)$ 排成的 m 行，n 列的数表，定义：

$$A = \begin{bmatrix} a_{11} & a_{12} & \cdots & a_{1n} \\ a_{21} & a_{22} & \cdots & a_{2n} \\ \vdots & \vdots & \ddots & \vdots \\ a_{m1} & a_{m2} & \cdots & a_{mn} \end{bmatrix}$$

称为一个 $m \times n$ 矩阵，常用字母 $\boldsymbol{A}$，$\boldsymbol{B}$，$\boldsymbol{C}$，$\cdots$ 表示，或记作 $(a_{ij})_{m \times n}$。其中，组成矩阵的每一个数称为矩阵的元素，位于第 i 行、第 j 列交点处的元素称为矩阵的 $(i \times j)$ 元。若一个矩阵的行数等于列数，即 $m=n$，则称这个矩阵为 n 阶矩阵或 n 阶方阵。

特别地，一个 $m \times 1$ 矩阵 $\boldsymbol{A} = \begin{bmatrix} a_1 \\ a_2 \\ \vdots \\ a_m \end{bmatrix}$，也称为一个 m 维列向量，而一个 $1 \times n$ 矩阵 $\boldsymbol{A} =$

$\begin{bmatrix} a_1 & a_2 & \cdots & a_n \end{bmatrix}$，称为一个 n 维行向量。元素全为零的矩阵则为零矩阵。

从定义中可知，这些数只有在排成数表的情形下，才可以称之为矩阵。也就是说，在每一行（或列）的数值前后（或上下）彼此之间必然有着某种极为紧密的关系。所以，一堆杂乱无章的数字，即便是呈横纵式排列，也不能称之为矩阵。

在工程科学领域，人们所要处理的数据，绝大部分具有向量的性质，所以 MATLAB 的矩阵运算功能可以说是极大地显现出了其工程运用的广适性。

3.3　矩阵的操作

3.3.1　矩阵的生成

应用 MATLAB 工具软件，生成矩阵的方式有多种，下面依次介绍几种常见的方法。

（1）在命令窗口（Command Window）中直接列出

一些规模较小的矩阵，可以按照一定的要求直接输入。输入时，矩阵主体用方括号括起，元素间用空格或逗号分隔，行与行之间用分号分隔。

格式：

X＝[x$_{11}$　x$_{12}$ $\cdots$ x$_{1n}$ 回车……回车 x$_{m1}$　x$_{m2}$　$\cdots$ x$_{mn}$] 回车

例 3.3.1　在 MATLAB 中创建实数矩阵 $\boldsymbol{A}$ 与复数矩阵 $\boldsymbol{B}$。

在命令窗口中输入：

A＝[1 2 3 回车 4 5 6 回车 7 8 9 回车] 回车

在命令窗口中显示：

≫ A＝[1 2 3；4 5 6；7 8 9]

```
    A =
        1     2     3
        4     5     6
        7     8     9
```

亦可分行输入，如：

在命令窗口中输入：

```
    B=[1+i 1+2i 3i;2i 2 0;3i i -i]
```

在命令窗口中显示：

```
    ≫ B=[1+i 1+2i 3i
        2i 2 0
        3i i -i]
    B=
        1.0000 + 1.0000i    1.0000 + 2.0000i      0 + 3.0000i
             0 + 2.0000i    2.0000               0
             0 + 3.0000i      0 + 1.0000i        0 - 1.0000i
```

另外，矩阵中的元素也可以是变量式表达，如例 3.3.2 所示。

例 3.3.2　通过变量式表达矩阵。

在命令窗口中输入：

```
    a=1,b=2,c=3;M=[a,b,c;a+b,b+c,c+a;a*b,b*c,c*a]
```

在命令窗口中显示：

```
    ≫ a=1,b=2,c=3;M=[a,b,c;a+b,b+c,c+a;a*b,b*c,c*a]
    a =
        1
    b =
        2
    M =
        1     2     3
        3     5     4
        2     6     3
```

注意：

① 由上面 2 个例子的语句可观察出，在一行的语句中可以使用逗号、分号或回车键，最后命令窗口中显示的结果是不一样的；

② 按下回车键后，同一行无法继续输入语句，随即显示以逗号和回车结尾的分句，而不显示以分号结尾的分句结果。

（2）利用函数直接产生特殊性质的矩阵

除了上述直接输入的方法，还可以利用一些特殊的函数直接产生一些具有特殊性质的矩阵。

表 3-1 给出了一些创建常用特殊矩阵的函数及其对应含义解释。

表 3-1　MATLAB 中创建特殊矩阵的函数

函数	含义	函数	含义
[]	生成空矩阵	zeros	生成零矩阵
ones	生成全 1 矩阵	eye	生成单位矩阵
diag	生成对角矩阵	Tril	取某矩阵的下三角
meshgrid	生成网格	Triu	取某矩阵的上三角
magic	生成魔方矩阵	pascal	生成 pascal 矩阵
rand	生成 0~1 之间的随机分布矩阵	randn	生成零均值单位方差正态分布随机矩阵
sparse	生成稀疏矩阵	full	还原稀疏矩阵为完全矩阵
company	伴随矩阵		

下面详细地介绍这些函数的用法。

1）空矩阵

格式：

```
A＝[]                              %生成一个行数和列数都为零的矩阵
```

2）零矩阵与全 1 矩阵

格式：

```
B＝zeros(n)                        %生成 n×n 的零矩阵
B＝zeros(m,n)                      %生成 m×n 的零矩阵
B＝zeros([m n])/ones([m n])        %生成 m×n 的零矩阵
B＝zeros(d1,d2,d3,…)              %生成 d1×d2×d3… 的零矩阵
B＝zeros([d1 d2 d3…])             %生成 d1×d2×d3… 的零矩阵
B＝zeros(size(A))                  %生成与矩阵 A 相同规模的零矩阵
```

生成全 1 矩阵与零矩阵的语句格式是相同，只需将对应的函数名"zeros"换成"ones"。

3）单位矩阵

格式：

```
B＝eye(n)                          %生成 n×n 的单位矩阵
B＝eye(m,n)                        %生成 m×n 的单位矩阵
B＝eye([m n])                      %生成 m×n 的单位矩阵
B＝eye(size(A))                    %生成与矩阵 A 相同规模的单位矩阵
```

注：这里需要注意的是，单位矩阵不存在多维的情况，所以当输入如 E＝eye(m,n,s…)时，MATLAB 将报错。

4）对角矩阵

格式：

```
M＝diag(v)                %抽取矩阵 v 的主对角线元素
M＝diag(v)                %表示以向量 v 作为其主对角线元素,其余为零
v＝diag(A)                %表示抽取 A 矩阵的主对角线元素构成向量
M＝diag(v,k)              %以向量 v 的元素作为矩阵的第 k 条对角线元素
N＝diag(M,k)              %表示抽取矩阵 M 第 k 条对角线元素构成向量
```

注：k 带有符号，其正号或负号分别代表该对角线在主对角线的上或下位置。

例 3.3.3　创建对角矩阵。

```
≫ v＝[1 2 3 4 5];         %创建一个 5 维向量
≫ Da＝diag(v)            %取 v 为其主对角线生成矩阵 Da
    Da =

        1    0    0    0    0
        0    2    0    0    0
        0    0    3    0    0
        0    0    0    4    0
        0    0    0    0    5


≫ Db＝diag(v,0)          %k＝0,v 作为主对角线使用
    Db =

        1    0    0    0    0
        0    2    0    0    0
        0    0    3    0    0
        0    0    0    4    0
        0    0    0    0    5


≫ Dc＝diag(v,-1)         %k＝-1,v 作为主对角线以下第一条对角线使用
    Dc =

        0    0    0    0    0    0
        1    0    0    0    0    0
        0    2    0    0    0    0
        0    0    3    0    0    0
        0    0    0    4    0    0
        0    0    0    0    5    0


≫ Dd＝diag(v,1)          %k＝1,v 作为主对角线以上第一条对角线使用
    Dd =

        0    1    0    0    0    0
        0    0    2    0    0    0
        0    0    0    3    0    0
```

```
                    0    0    0    0    4    0
                    0    0    0    0    0    5
                    0    0    0    0    0    0

 ≫ M=[1.1 1.2 1.3;2.1 2.2 2.3;3.1 3.2 3.3]     %创建 3×3 矩阵 M
    M =
           1.1000       1.2000       1.3000
           2.1000       2.2000       2.3000
           3.1000       3.2000       3.3000

 ≫ Dx=diag(M)                                   %抽取矩阵 M 的主对角线构成向量 Dx
    Dx =
           1.1000
           2.2000
           3.3000

 ≫ Dy=diag(M,0)                                 %k=0,Dy 由其主对角线元素构成
    Dy =
           1.1000
           2.2000
           3.3000

 ≫ Dz=diag(M,-1)                                %k=-1,Dz 由其主对角线以下第一条
                                                对角线元素构成
    Dz =
           2.1000
           3.2000

 ≫ Dq=diag(M,1)                                 %k=1,Dq 由其主对角线以上第一条对
                                                角线元素构成
    Dq =
           1.2000
           2.3000
```

由上例可以看出，diag(X) 语句中，若 X 为向量，则生成对角矩阵，若 X 为矩阵（维数大于 1），则实质为抽取其相应对角线所得的向量。

5）三角矩阵

格式：

```
    T=tril(M)                                   %表示抽取矩阵 M 中主对角线的下三
                                                角部分构成矩阵
    T=tril(M,k)                                 %表示抽取矩阵 M 中第 k 条对角线的
```

下三角部分

```
T=triu(M)
```
%表示抽取矩阵 M 中主对角线的上三角部分构成矩阵

```
T=triu(M,k)
```
%表示抽取矩阵 M 中第 k 条对角线的上三角部分

例 3.3.4　创建三角矩阵。

```
≫ M=[16 2 3 13;5 11 10 8;9 7 6 12;4 14 15 1]
   M =

         16     2     3    13
          5    11    10     8
          9     7     6    12
          4    14    15     1
≫ t1=tril(M)                              %表示抽取矩阵 M 中主对角
                                          线的下三角部分构成矩阵


   t1 =
       16     0     0     0
        5    11     0     0
        9     7     6     0
        4    14    15     1


≫ t2=tril(M,0)                            %k=0,表示抽取矩阵 M 中主对角
                                          线的下三角部分构成矩阵


   t2 =
         16     0     0     0
          5    11     0     0
          9     7     6     0
          4    14    15     1


≫ t3=tril(M,2)                            %k=2,表示抽取矩阵 M 中主对角
                                          线以上第 2 条对角线的下三角部分


   t3 =
         16     2     3     0
          5    11    10     8
          9     7     6    12
          4    14    15     1


≫ t4=tril(M,-1)                           %k=-1,表示抽取矩阵 M 中主对
                                          角线以下第 1 条对角线的下三角
                                          部分


   t4 =
          0     0     0     0
          5     0     0     0
```

```
                    9     7     0     0
                    4    14    15     0
≫ tu1=triu(M)                                    %表示抽取矩阵 M 中主对角线的上三
                                                 角部分构成矩阵

    tu1 =
          16     2     3    13
           0    11    10     8
           0     0     6    12
           0     0     0     1


≫ tu2=triu(M,1)                                  %k=1,表示抽取矩阵 M 中主对角线以
                                                 上第 1 条对角线的上三角部分

    tu2 =
           0     2     3    13
           0     0    10     8
           0     0     0    12
           0     0     0     0


≫ tu3=triu(M,−1)                                 %k=−1,表示抽取矩阵 M 中主对角线
                                                 以下第 1 条对角线的上三角部分

    tu3 =
          16     2     3    13
           5    11    10     8
           0     7     6    12
           0     0    15     1
```

6) 魔方矩阵

魔方矩阵是一类比较有趣的矩阵。通常定义一个 n 阶的魔方矩阵是由自然数 1 到 n^2 排列而成的，且满足条件：在魔方矩阵中每行、每列及两条主对角线上的 n 个数的和都等于 $\dfrac{n(n^2+1)}{2}$。

魔方矩阵的条件虽多，但用 MATLAB 来创建魔方矩阵则可谓信手拈来。

格式：

```
M=magic(k)      %创建一个 k 阶魔方矩阵
```

注：其中 $k \geqslant 3$，否则输出的矩阵不满足魔方矩阵定义。

例 3.3.5 创建魔方矩阵。

```
≫ M1=magic(1),M2=magic(2),M3=magic(3)
    M1 =
         1
```

```
M2 =

     1     3
     4     2


M3 =

     8     1     6
     3     5     7
     4     9     2
```

由上例可知，magic(k)中的 k 值虽可以取 1 和 2，但是明显不能算作魔方矩阵，请读者注意这一点。

7）帕斯卡（Pascal）矩阵

帕斯卡（Pascal）矩阵就是由杨辉三角形表组成的方阵。

杨辉三角形表是数学上的概念，是由在二次项 $(x+y)^n$ 展开式中依升幂取得的系数所组成的一个数表。

帕斯卡矩阵是对称且正定的，其逆矩阵的所有元素都为整数。

格式：

```
M＝pascal(n)      %表示生成一个 n 阶帕斯卡矩阵
```

例 3.3.6 创建一个 6 阶帕斯卡矩阵。

```
≫ P=pascal(6)
   P =

     1     1     1     1     1     1
     1     2     3     4     5     6
     1     3     6    10    15    21
     1     4    10    20    35    56
     1     5    15    35    70   126
     1     6    21    56   126   252
```

8）随机矩阵

格式：

```
rand                    %生成一个随机一阶矩阵,即一个随机数
rand(n)                 %生成一个 n 阶随机矩阵
rand(m,n)               %生成一个 m×n 随机矩阵
rand([m,n])             %生成一个 m×n 随机矩阵
rand(size(M))           %生成一个与矩阵 M 维度相同的随机矩阵
randn(n)                %生成 n×n 正态分布随机矩阵
randn(m,n)              %生成 m×n 正态分布随机矩阵
randn([m.n])            %生成 m×n 正态分布随机矩阵
randn(size(M))          %生成与 M 维度相同的正态分布随机矩阵
```

例 3.3.7   创建随机矩阵。

```
≫ A＝rand(4)                          %创建一个 4 阶随机矩阵
  A ＝
        0.0540      0.1299      0.3371      0.5285
        0.5308      0.5688      0.1622      0.1656
        0.7792      0.4694      0.7943      0.6020
        0.9340      0.0119      0.3112      0.2630

≫ B＝rand(2,4)                        %创建一个 2×4 的随机矩阵
  B ＝
        0.6541      0.7482      0.0838      0.9133
        0.6892      0.4505      0.2290      0.1524

≫ C＝rand(size(B))                    %创建一个与 B 维度相同的随机矩阵
  C ＝
        0.8258      0.9961      0.4427      0.9619
        0.5383      0.0782      0.1067      0.0046

≫ An＝randn(3)                        %创建一个 3 阶正态分布随机矩阵
  An ＝
        1.7308     −1.0582      1.0984
        0.8252     −0.4686     −0.2779
        1.3790     −0.2725      0.7015

≫ Bn＝randn(2,3)                      %创建一个 2×3 的正态分布随机矩阵
  Bn ＝
       −2.0518     −0.8236      0.5080
       −0.3538     −1.5771      0.2820

≫ Cn＝randn(size(Bn))                 %创建一个与 Bn 维度相同的正态分布随机矩阵
  Cn ＝
       −0.2620     −0.2857     −0.9792
       −1.7502     −0.8314     −1.1564
```

9) 稀疏矩阵

格式：

```
S＝sparse(F)                  %将完全矩阵转化为稀疏矩阵的排布
S＝sparse(m,n)                %生成 m×n 阶全零稀疏矩阵
S＝sparse(i,j,s)              %生成由 i、j、s 向量定义的稀疏矩阵
S＝sparse(i,j,s,m,n)          %生成(i,j)对应元素为 s 的 m×n 阶稀疏矩阵
S＝sparse(i,j,s,m,n,num)      %同上的基础上必须含有 num(大于 i 和 j 的长度)个非零元素
```

```
F＝full(s)                         %将稀疏矩阵转化为完全矩阵
```

例 3.3.8　稀疏矩阵的创建及相关操作。

```
≫ M＝[0 0 0 0 2;0 0 0 1 0;0 0 0 4 0;3 0 0 0 0]    %创建一个完全形式矩阵
    M ＝
        0    0    0    0    2
        0    0    0    1    0
        0    0    0    4    0
        3    0    0    0    0


≫ S＝sparse(M)                     %将完全形式转化为稀疏矩阵的排布
    S ＝
        (4,1)        3
        (2,4)        1
        (3,4)        4
        (1,5)        2


≫ i＝[1 2 3],j＝[4 5 6],s＝[7 8 9]    %创建三个同维行向量
    i ＝
        1    2    3
    j ＝
        4    5    6
    s ＝
        7    8    9


≫ s1＝sparse(2,3)                  %生成 2×3 全零稀疏矩阵
    s1 ＝
        All zero sparse:2-by-3


≫ s2＝sparse(i,j,s)                %表示稀疏矩阵中非零元素的位置为(in,
                                   jn),值为 sn

    s2 ＝
        (1,4)        7
        (2,5)        8
        (3,6)        9


≫ F＝full(s2)                      %根据稀疏矩阵的排布还原其完全形式,查看
                                   s2 的维度

    F ＝
        0    0    0    7    0    0
        0    0    0    0    8    0
        0    0    0    0    0    9
```

```
≫ s3＝sparse(i,j,s,5,6)              %5 和 6 表示 s3 的设定维度,需满足 5≥Max
                                     (in),6≥Max(jn)

    s3 ＝
        (1,4)        7
        (2,5)        8
        (3,6)        9

≫ F＝full(s3)                        %根据稀疏矩阵的排布还原其完全形式,查看
                                     s3 的维度
    F ＝
        0    0    0    7    0    0
        0    0    0    0    8    0
        0    0    0    0    0    9
        0    0    0    0    0    0
        0    0    0    0    0    0

≫ s4＝sparse(i,j,s,5,6,3)            %同 s3 的基础上必须含有 3 个非零元素
    s4 ＝
        (1,4)        7
        (2,5)        8
        (3,6)        9
```

由上例可以看出，sparse(i,j,s,m,n)命令中，m、n 的缺省值分别为 Max(in) 和 Max(jn)，所以在设定 m 与 n 时，一定不能小于其缺省值，否则 MATLAB 将报错。

10) 伴随矩阵

格式：

```
    A＝company(M)                    %生成矩阵 M 的伴随矩阵
```

例 3.3.9 生成伴随矩阵。

```
≫ v＝[1 6 11 6];                    %向量 v 为 (s＋1)(s＋2)(s＋3)＝s^3＋6s^
                                     2＋11s＋6 多项式的系数矩阵
≫ A＝compan(v)                       %生成相应的伴随矩阵
    A ＝
        －6    －11    －6
         1      0      0
         0      1      0

≫ eig(A)                            %该伴随矩阵的特征值即为多项式值为零所
                                     得的根
    ans ＝
        －3.0000
        －2.0000
        －1.0000
```

（3）通过 MATLAB 中的 M 文件产生

对于一些规模较大的矩阵，我们还可以通过编辑 MATLAB 自带的 M 文件来存写需要的矩阵数据。

例 3.3.10 通过 M 文件创建矩阵。

建立文件名为 eg3.m 的文件，其中包括正文如下：

```
A=[1 2 3;4 5 6;7 8 9];
B=[1:10;10:-1:1];
```

如图 3-1 所示。

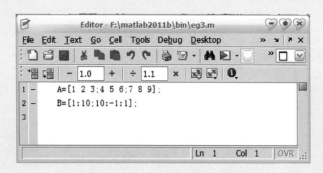

图 3-1 在 M 文件中创建矩阵数据

调用步骤：

① 在命令窗口中输入 M 文件名，M 文件中的矩阵便自动保存至工作空间中，如图 3-2 所示。

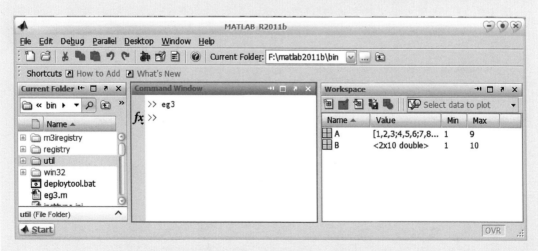

图 3-2 命令窗口中调用 M 文件

② 然后就可以在命令窗口中自由使用这些矩阵数据，如图 3-3 所示。

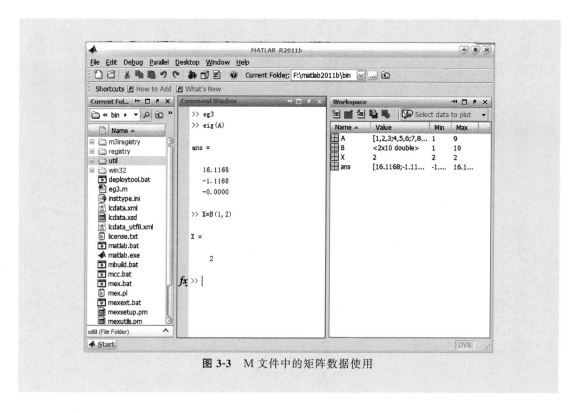

图 3-3　M 文件中的矩阵数据使用

用这种方法，既方便了对矩阵数据的输入与修改，还避免了对命令窗口产生视觉干扰。

（4）通过调用外部文件产生

MATLAB 中的矩阵数据还可以通过编辑文本文件来创建。

先建立一个后缀为 txt 的文本文件，再在命令窗口中用 load 函数调用该 txt 文件。

例 3.3.11　通过文本文件创建矩阵。

过程如下：

① 创建相关 txt 文件，如图 3-4 所示。

图 3-4　在文本文件编辑矩阵数据

② 使用 load 函数调用文本文件，如图 3-5 所示。

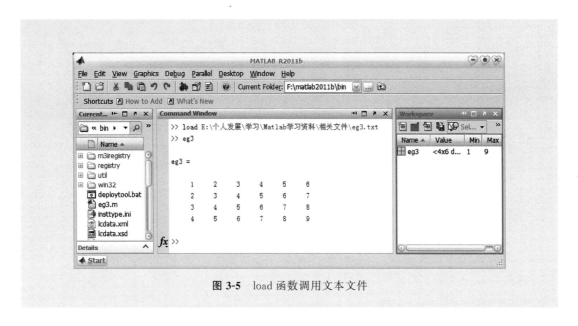

图 3-5　load 函数调用文本文件

注：load 后面不仅仅是单纯的文件名，还包括路径名，为其打开的完整路径。

同样地，从矩阵的定义中可以知道，矩阵是以数表形式存在的数据，由此，还可以通过 Excel 或 Dat 文件生成我们想要的矩阵。

3.3.2　矩阵的基本操作

（1）元素操作

1）元素扩充

格式：

  M＝[A0;A1 A2]　　　　　　　　　　　　%矩阵 A0 经加入 A1、A2 的扩充后存入矩阵 M

2）元素删除

格式：

M(:,n)＝[]　　　　　　　　　　　　%表示删除矩阵 M 的第 n 列元素

M(m,:)＝[]　　　　　　　　　　　　%表示删除矩阵 M 的第 m 行元素

3）元素修改

格式：

M(m,n)＝a　　　　　　　　　　　　%表示将 M 矩阵中的第 m 行、第 n 列元素改为 a

M(m,:)＝[a b …]　　　　　　　　　　%表示将 M 矩阵中第 m 行元素替换为 [a b …]

M(:,n)＝[a b …]　　　　　　　　　　%表示将 M 矩阵中第 n 列元素替换为 $\begin{bmatrix} a \\ b \\ \vdots \end{bmatrix}$

（2）数据变换

1）元素取整

格式：

```
floor(M)                              %所有元素向下取整
ceil(M)                               %所有元素向上取整
round(M)                              %所有元素四舍五入取整
fix(M)                                %所有元素按相对零就近的原则取整
```

2）有理数形式变换

格式：

```
[n,d]＝rat(M)                          %将矩阵 M 表示为两个整数矩阵的点除,即 M＝n./d
```

3）元素取余数

格式：

```
R＝rem(M,x)                            %表示各元素对模 x 取余
```

例 3.3.12　矩阵元素的取余操作。

```
≫ M＝[1 2 3;2 3 4;3 4 5],R1＝rem(M,0),R2＝rem(M,2),R3＝rem(M,5)
M ＝
    1    2    3
    2    3    4
    3    4    5


R1 ＝
  NaN  NaN  NaN
  NaN  NaN  NaN
  NaN  NaN  NaN


R2 ＝
    1    0    1
    0    1    0
    1    0    1


R3 ＝
    1    2    3
    2    3    4
    3    4    0
```

由上例可知，当取模为 0 时，默认取余皆为 NaN，即为不确定之意。

（3）结构变换

1）翻转

格式：

```
fliplr(M)                             %左右翻转
flipud(M)                             %上下翻转
```

```
flipdim(M,dim)                    %按指定的维数翻转,特别地,dim＝1 时为上下翻转,
                                  dim＝2 时为左右翻转
rot                               %逆时针旋转 90°
rot(M,k)                          %逆时针旋转 k×90°,其中 k＝±1,±2 ,…
```

2）平铺

格式:

```
%矩阵由 m×n 块矩阵 M 平铺而成
repmat(M,m,n)
repmat(M,[m,n])
%矩阵由 m×n×p…块矩阵 M 平铺而成
repmat(M,m,n,p…)
repmat(M,[m,n,p…])
```

3）变维

格式:

```
%表示将 B 的元素依次填入 A 的对应位置中,A 与 B 的元素个数必须相同
A(:)＝B(:)
%reshape 函数法,使矩阵 M 的元素维数＝m×n
reshape(M,m,n)
reshape(M,[m,n])
%使矩阵 M 的元素维数＝m×n×p…
reshape(M,m,n,p,…)
reshape(M,[m,n,p,…])
```

例 3.3.13　矩阵元素的结构变换。

```
≫ A＝magic(3),B＝pascal(3),C＝[1 2 3 4 5 6 7 8 9]      %创建待变换矩阵
A =
    8    1    6
    3    5    7
    4    9    2


B =
    1    1    1
    1    2    3
    1    3    6


C =
    1    2    3    4    5    6    7    8    9


≫ fliplr(A),D＝flipud(A)                      %左右翻转,上下翻转
```

```
ans =
    6    1    8
    7    5    3
    2    9    4

D =
    4    9    2
    3    5    7
    8    1    6

≫ repmat(B,2,3)                    %将矩阵 B 以 2×3 的格式平铺
ans =
    1    1    1    1    1    1    1    1    1
    1    2    3    1    2    3    1    2    3
    1    3    6    1    3    6    1    3    6
    1    1    1    1    1    1    1    1    1
    1    2    3    1    2    3    1    2    3
    1    3    6    1    3    6    1    3    6

≫ E=repmat(B,2,1)                  %构成矩阵 E,E 由矩阵 B 按 2×1 格式平铺所得
E =
    1    1    1
    1    2    3
    1    3    6
    1    1    1
    1    2    3
    1    3    6

≫ B(:)=C(:)                        %将 C 中数据按 B 的格式排布,注意排布的行列顺序
B =
    1    4    7
    2    5    8
    3    6    9

≫ reshape(A,1,9)                   %将矩阵 A 按 1×9 的格式排布
ans =
    8    3    4    1    5    9    6    7    2
```

3.3.3　矩阵的引用

　　矩阵是一种数据存在形式，所以，当我们建立好相关矩阵数据的同时，也标志着关于矩

阵的引用语句可以为我们所用了。

下面列出了矩阵数据引用的一般语句：

```
Matrixname(m)              %引用矩阵的第 m 个元素
Matrixname(i,j)            %引用矩阵的第 i 行第 j 列元素
Matrixname(i,:)            %引用矩阵的第 i 行所有元素
Matrixname(:,j)            %引用矩阵的第 j 列所有元素
Matrixname(i,j1:j2)        %引用矩阵第 i 行中 j1 至 j2 列的元素
Matrixname(i1:i2,j)        %引用矩阵第 j 列中 i1 至 i2 行的元素
Matrixname(i,[j1 j2])      %引用矩阵第 i 行中 j1 和 j2 列的元素
Matrixname([i1 i2],j)      %引用矩阵第 j 列中 i1 和 i2 行的元素
```

3.4　矩阵的运算

3.4.1　数组运算与矩阵运算的区别

考虑矩阵的运算，则不得不提数组的运算。一个 $1 \times n$（或 $n \times 1$）矩阵（即向量）与一维数组在实际意义中一个很明显的区别便是方向性，因此，各自运算的方式、方法和意义都有着鲜明的个性。放到 n 维中来看，同样如此。

表 3-2 列出了一些数组运算符和矩阵运算符。

表 3-2　数组运算符与矩阵运算符

数组运算符	矩阵运算符	含义
+/−	+/−	加/减法
.*	*	乘法
.^	^	次方
.\	\	左除
./	/	右除
.'	'	转置

一般地，数组所强调的是元素与元素的代数运算，而矩阵则更多体现线性运算的特性。在符号方面的表现是，数组运算为点运算，而矩阵默认一般运算是线性运算，矩阵运算符前加点才会使之成为元素与元素间的运算。也就是说，在 MATLAB 中，数组与矩阵的主要差异体现在运算符上，在形式表达上则有高度的一致性。

与矩阵的生成方式一样，数组可以直接输入，也可通过一定的函数生成。

其格式为：

```
X=[x0 x1 x2…]             %直接输入数组 X 的值 x0, x1, x2…
X=first:increment:last    %增量法创建数组
X=linspace(first,last,num) %首尾定数创建数组
X=logspace(first,last,num) %十倍频首尾定数创建数组
```

例 3.4.1 数组点运算的演示。

```
≫ A=[1 2 4],B=1:2:4,C=linspace(1,2,4),D=logspace(1,2,4)
A =
    1    2    4

B =
    1    3

C =
    1.0000    1.3333    1.6667    2.0000

D =
    10.0000    21.5443    46.4159    100.0000

≫ S1=A.*A,S2=A./A,S3=A.\A,S4=A.^2,S5=A.'      %数组的基本运算
S1 =
    1    4    16

S2 =
    1    1    1

S3 =
    1    1    1

S4 =
    1    4    16

S5 =
    1
    2
    4
```

注意：

① 关于左除与右除可能会混淆的问题，这里请大家牢记，只要是除法符号（斜杠），在下方的就是除数，上方的就是被除数，像分式除法一样；

② 数组运算勿忘加点。

3.4.2 矩阵的基本运算

下面介绍矩阵的一些基本运算。

（1）加减运算

格式：

```
%矩阵 C 为矩阵 A 与矩阵 B 的和,其中 A 与 B 的维度相同
C＝A＋B
%矩阵 D 为矩阵 A 与矩阵 B 的差,其中 A 与 B 的维度相同
D＝A－B
```

（2）乘法运算

1）矩阵间相乘

格式：

```
%矩阵 M 为矩阵 A 与矩阵 B 的乘积,当 A 为一维矩阵时表示对 B 矩阵的数乘
M＝A＊B
```

2）向量内积

格式：

```
%C 为 A 与 B 的内积
C＝dot(A,B)
%返回 A 与 B 的内积
sum(A. ＊ B)
%C 为 A 与 B 在 dim 维上的内积
C＝dot(A,B,dim)
```

3）向量叉乘

格式：

```
%C 为 A 与 B 的叉乘
C＝cross(A,B)
```

例 3.4.2　向量叉乘运算的演示。

```
≫ A＝magic(3),B＝pascal(3)      %生成 3 阶魔方矩阵和帕斯卡矩阵
A ＝
     8     1     6
     3     5     7
     4     9     2


B ＝
     1     1     1
     1     2     3
     1     3     6


≫ C＝cross(A,B)
C ＝
    −1    −3    36
    −4     6   −34
     5    −3    11
```

使用 cross(A,B)时需注意，若 A、B 为向量，则有且仅能含有 3 个元素；若都为矩阵，仅能为 $3 \times n$ 的矩阵，且 C 同为一个 $3 \times n$ 的矩阵，其中的列是 A 与 B 对应列的叉积。

4）混合积

乘法运算函数可根据不同表达式进行嵌套使用。

例 3.4.3　混合积求解。

```
≫ a=[1 2 3];b=[-1 -2 -3];        %创建原矩阵
≫ X=dot(b,cross(a,b))            %求解 X=b·(a×b)
X =
    0
```

5）矩阵卷积与解卷

格式：

```
%求 A 与 B 的卷积,即多项式乘法
C=conv(A,B)
%解卷,即多项式除法
deconv(A,B)
[m,n]=deconv(A,B)
```

例 3.4.4　多项式乘法与除法演示。

```
≫ A=[1 1];                       %对应多项式 s+1
≫ C=conv(A,A)                    %求解(s+1)*(s+1)
C =
    1    2    1

≫ B=[1 3 3 1];V=[1 1];          %对应多项式 B=s^3+3s^2+3s+1,V=s+1
≫ deconv(B,V)                    %求解 B/V
ans =
    1    2    1

                                 %答案为 s^2+2s+1

≫ [m,n]=deconv(B,V)             %m 为两多项式的商多项式,n 为其余式
m =
    1    2    1

n =
    0    0    0    0
```

（3）除法运算

1）矩阵除法

格式：

％矩阵的右除

X＝A/B

％矩阵的左除

X＝A\B

2）点除运算

格式：

％对应元素之间的右除

X＝A. /B

％对应元素之间的左除

X＝A. \B

例 3.4.5　矩阵的除法演示。

```
≫ A＝magic(3),B＝pascal(3)        ％创建 A,B 矩阵
A ＝
    8     1     6
    3     5     7
    4     9     2


B ＝
    1     1     1
    1     2     3
    1     3     6


≫ C1＝A/B,C2＝A\B                 ％右除,B 在下;左除,A 在下
C1 ＝
    27    －31    12
    1     2     0
   －13    29    －12


C2 ＝
   0.0667    0.0500    0.0972
   0.0667    0.3000    0.6389
   0.0667    0.0500   －0.0694


≫ C1＝A. /B,C2＝A. \B             ％右点除,B 在下;左点除,A 在下
C1 ＝
   8.0000    1.0000    6.0000
   3.0000    2.5000    2.3333
   4.0000    3.0000    0.3333
```

```
C2 =
    0.1250    1.0000    0.1667
    0.3333    0.4000    0.4286
    0.2500    0.3333    3.0000
```

注：一般情况下，$X = A/B$ 是方程 $AX = B$ 的解，而 $X = b \backslash a$ 是方程 $Xa = b$ 的解。

（4）乘方运算

格式：

%B 为矩阵 A 各元素求 n 次方

≫ B＝A^n

注：$n > 0$ 时，表示为 A 的 n 次方；$n < 0$ 时，表示为 A^{-1} 的 $|n|$ 次方。

%C 表示矩阵 A 中各元素对矩阵 B 中各元素求幂次方,A、B、C 维数相同

≫ C＝A. ^B

3.4.3 矩阵的相关函数

（1）expm 函数：计算方阵指数

格式：

Y＝expm(A)	%Pade 近似算法(内部函数)计算 eA
Y＝expm1(A)	%使用一个 M 文件和内部函数相同的算法计算 eA
Y＝expm2(A)	%利用泰勒级数计算 eA
Y＝expm3(A)	%利用特征值和特征向量计算 eA

（2）logm 函数：计算方阵的对数

格式：

Y＝logm(X)	%计算矩阵 X 的对数,为 expm 的反函数
[Y es]＝logm(X)	%es 为相对残差的估计值

（3）funm 函数：计算常规矩阵的函数

格式：

F＝funm(A,fun)	%fun 可为任意基本函数,如 F＝funm(A,'exp')
[F,es]＝funm(A,fun)	%es 为其结果相对误差估计值

（4）sqrtm 函数：计算矩阵的方根

格式：

X＝sqrtm(A)	%满足 X＊X＝A 的 X 矩阵
X＝sqrtm(A,re)	%re 为结果相对误差估计值

（5）ployvalm 函数：计算以矩阵 A 为系数的多项式

格式：

Ployvalm(C,s)	%C 为多项式系数向量,方阵 s 为其变量,返回多项式值

3.4.4　矩阵的特殊运算

（1）矩阵的转置

格式：

B＝A'

例 3.4.6　矩阵转置的演示。

```
≫ A＝magic(3),B＝A＋[j,0,0;0,j,0;0,0,j]      %创建实矩阵 A 与复数矩阵 B
A =
    8    1    6
    3    5    7
    4    9    2


B =
 8.0000 ＋ 1.0000i   1.0000              6.0000
 3.0000             5.0000 ＋ 1.0000i   7.0000
 4.0000             9.0000              2.0000 ＋ 1.0000i


≫ A'    %实矩阵的转置
ans =
    8    3    4
    1    5    9
    6    7    2


≫ A.'    %实矩阵加点转置
ans =
    8    3    4
    1    5    9
    6    7    2


≫ B'    %复数矩阵的转置
ans =
 Columns 1 through 2
 8.0000 － 1.0000i   3.0000
 1.0000             5.0000 － 1.0000i
 6.0000             7.0000
 Column 3
 4.0000
 9.0000
 2.0000 － 1.0000i
```

```
≫ B.'      ％复数矩阵加点转置
ans =
 Columns 1 through 2
 8.0000 + 1.0000i   3.0000
 1.0000             5.0000 + 1.0000i
 6.0000             7.0000
 Column 3
 4.0000
 9.0000
 2.0000 + 1.0000i
```

由上例看出，实数矩阵的转置，无论加点与否，结果总与线性代数相同，而复数矩阵转置后的元素则为单纯位置转置后各元素的共轭复数，若仅仅需要复数矩阵的位置转置，则需加点转置。

（2）矩阵的逆

1）求逆矩阵

格式：

```
Y＝inv(X)                           ％若 X 为奇异矩阵或近似奇异矩阵,MATLAB 将会有提示
                                     信息
```

2）求伪逆矩阵

格式：

```
Z＝pinv(A)                          ％Z 为 A 的伪逆矩阵
Z＝pinv(A,tol)                      ％tol 为误差
```

注：当矩阵为长方阵时，方程 $AX=I$ 和 $XA=I$ 至少有一个无解，这时 A 的伪逆矩阵在某种意义上可以代表矩阵的逆。当 A 为非奇异矩阵时，则有 $pinv(A)=inv(A)$。

（3）矩阵的秩

格式：

```
R＝rank(A)                          ％R 为矩阵 A 的秩
R＝rank(A,tol)                      ％tol 为给定的误差
```

（4）矩阵的迹：求解矩阵的迹，即矩阵的对角线元素之和

格式：

```
G＝trace(A)
```

（5）方阵的行列式

格式：

```
D＝det(A)                           ％返回方阵 A 的行列式值
```

（6）范数求解

norm 函数，格式如下：

N＝norm(A)	％求矩阵 A 的欧几里得范数
N＝norm(A,1)	％求矩阵 A 的列范数
N＝norm(A,2)	％求矩阵 A 的 2-范数
N＝norm(A,inf)	％求矩阵 A 的行范数
N＝norm(A,'fro')	％求矩阵 A 的 Frobenius 范数

normest 函数，格式如下：

Nt＝normest(A)	％矩阵 A 的欧几里得范数估计值
Nt＝normest(A,tol)	％tol 为指定误差
[Nt,coutnum]＝normest(…)	％coutnum 为计算估计值的迭代次数

（7）矩阵的集合运算

将矩阵看作集合，可以进行更多的数据操作。下面介绍矩阵的集合运算。

1）检验集合中的元素

格式：

K＝ismember(a,S)	％a 为 S 中元素时,K 为 1,反之 K 为 0
K＝ismember(A,S,'rows')	％A 和 S 有相同的列,返回行相同时 K 为 1,反之 K 为 0

例 3.4.7　检验集合元素的演示。

```
≫ A=magic(3),C=[8,2,9;3,7,5;4,9,2]      ％创建矩阵 A 和 C
A =
     8     1     6
     3     5     7
     4     9     2


C =
     8     2     9
     3     7     5
     4     9     2
≫ K1=ismember(5,A),K2=ismember(19,A)      ％判断 A 矩阵中有无元素 5 和 19

K1 =
     1


K2 =
     0


≫ K=ismember(C,A,'rows')      ％A 和 C 的第一列相同,第三行相同


K =
     0
     0
     1
```

2）取集合的单值元素

格式：

```
x=unique(S)                     %取集合 S 中不同元素构成的向量
x=unique(S,'row')               %返回 x、S 不同行元素构成的矩阵
[b,i,j]=unique(S,'rows')        %i 和 j 体现 b 中元素在原向量中的位置
```

3）两集合的交集

格式：

```
C=intersect(A,B)                %表示集合运算关系：C=A∩B
C=intersecrt(A,B,'rows')        %A、B 列数相同，返回元素相同的行
[C,iA,iB]=intersect(A,B)        %C 为 A、B 的公共元素，iA 与 iB 分别表示公共元素在集
                                 合 A 和 B 中的位置
```

例 3.4.8 交集运算的演示。

```
>> A=[1 2 5;3 8 4;5 5 5];
>> B=[1 2 5;5 5 5;3 8 4];             %创建 3 阶方阵
>> C=intersect(A,B)
Error using intersect (line 55)
A and B must be vectors,or 'rows' must be specified.

>> C=intersect([1 2 3],[3 2 1])       %instersect(A,B)形式中，A、B 只能为向量
C =
    1    2    3

>> C=intersect(A,B,'rows')            %只有加上'rows'时才可处理矩阵集合形式
C =
    1    2    5
    3    8    4
    5    5    5

>> [C i j]=intersect([1 2 3],[3 2 1]) %i 和 j 表示相同元素分别在对应集合中的位置
C =
    1    2    3

i =
    1    2    3

j =
    3    2    1

>> [C i j]=intersect(A,B,'rows')      %i 和 j 分别返回相同行在 A、B 中的行数
C =
    1    2    5
    3    8    4
    5    5    5
```

```
i =

     1

     2

     3

j =

     1

     3

     2
```

4）两集合的并集

格式：

C＝union(A,B)   %表示集合运算关系:C＝A∪B

C＝union(A,B,'rows')   %返回矩阵 A、B 不同的行向量构成的矩阵,相同行向量
                                         取一

[C,iA,iB]＝union(A,B,'rows')   %iA 和 iB 分别表示 C 中行向量在原矩阵中的位置

并集用法同交集，不再举例。

5）两集合的差

格式：

C＝setdiff(A,B)   %集合运算关系:C＝A-B

C＝setdiff(A,B,'rows')   %返回属于 A 但不属于 B 的不同行

[C,i]＝setdiff(A,B,'rows')   %i 为 C 中元素在 A 中的位置

6）两集合交集的非

格式：

C＝setxor(A,B)   %返回 A∩B 的非

C＝setxor(A,B,'rows')   %返回矩阵 A、B 交集的非,A、B 列数相同

[C,iA,iB]＝setxor(A,B,'rows')   %iA、iB 分别表示 C 中元素分别在 A 和 B 中的位置

（8）矩阵的关系运算

同维矩阵间可以进行关系运算。相关运算符与其含义见表 3-3。

表 3-3　矩阵的关系运算符与其含义

运算符	含义	运算符	含义
>	大于	<	小于
==	等于	～=	不等于
>=	大于或等于	<=	小于或等于

矩阵的关系运算中，同维矩阵的相对应元素，若关系满足则结果所得的矩阵对应元素为

1，否则为 0。

例 3.4.9 矩阵的比较关系运算演示。

```
≫ A=magic(3),B=pascal(3)    %创建同为 3 阶的魔方矩阵和帕斯卡矩阵
A =
    8    1    6
    3    5    7
    4    9    2

B =
    1    1    1
    1    2    3
    1    3    6

≫ C1=A==B,C2=A~=B,C2=A>B,C3=A>=B         %关系运算演示
C1 =
    0    1    0
    0    0    0
    0    0    0

C2 =
    1    0    1
    1    1    1
    1    1    1

C2 =
    1    0    1
    1    1    1
    1    1    0

C3 =
    1    1    1
    1    1    1
    1    1    0
```

（9）矩阵的逻辑运算

矩阵还可以进行逻辑运算。

首先，需要明确，矩阵 A 和 B 能够进行逻辑运算的条件是，A 和 B 都为 $m \times n$ 矩阵，或者其中一个量为标量。

相关的逻辑运算语句如表 3-4 所示。

表 3-4　矩阵的逻辑运算语句

意义	语句
与运算	C=A&B 或者 C=and(A,B)
或运算	C=A|B 或者 C=or(A,B)
非运算	C=～A 或者 C=not(A)
异或运算	C=xor(A,B)

例 3.4.10　矩阵的逻辑运算演示，**A**、**B** 矩阵同上例。

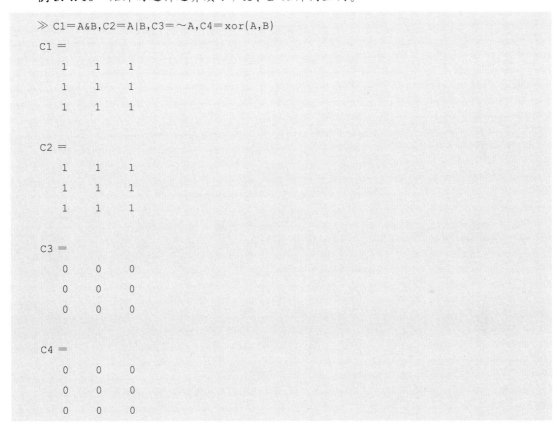

```
≫ C1=A&B,C2=A|B,C3=～A,C4=xor(A,B)
C1 =
     1     1     1
     1     1     1
     1     1     1


C2 =
     1     1     1
     1     1     1
     1     1     1


C3 =
     0     0     0
     0     0     0
     0     0     0


C4 =
     0     0     0
     0     0     0
     0     0     0
```

3.5　矩阵的应用

　　显而易见，MATLAB 在矩阵数据处理方面的优势给以矩阵运算为代表的线性代数领域带来了极大的便利。所以在熟悉掌握了矩阵的相关运算之后，让我们略微涉及一下矩阵的应用，尤其是矩阵在线性代数领域中的应用。

3.5.1　线性代数中一些简便运算

　　（1）特征值和特征向量

　　格式：

[X,Y]＝eig(A)

例 3.5.1　求解矩阵的特征值及其对应的特征向量。

```
≫ A＝[2 2 1;2 0 2;1 0 2],[V D]＝eig(A)
A =
    2    2    1
    2    0    2
    1    0    2


V =
  -0.7428   -0.5883   -0.7071
  -0.5571    0.7845    0.0000
  -0.3714    0.1961    0.7071


D =
    4.0000         0         0
         0   -1.0000         0
         0         0    1.0000
```

求得 **A** 矩阵的特征值为 4、−1、1，其中特征所对应的向量依次为：

$$(-0.7428 \quad -0.5571 \quad -0.3714)^{\mathrm{T}}$$
$$(-0.5883 \quad 0.7845 \quad 0.1961)^{\mathrm{T}}$$
$$(-0.7071 \quad 0.0000 \quad 0.7071)^{\mathrm{T}}$$

（2）平衡矩阵

格式：

B＝balance(A)　　　　　　　　　　%求 A 的平衡矩阵 B

[T,B]＝balance(A)　　　　　　　　%求 A 的相似变换矩阵 T 和平衡矩阵 B,满足:B＝T^{-1}AT

例 3.5.2　平衡矩阵和相似变换矩阵的求解演示。

```
≫ A＝[3 5 7;0 0 6;4 2 3]
A =
    3    5    7
    0    0    6
    4    2    3


≫ [T B]＝balance(A)
T =
    2    0    0
    0    1    0
    0    0    1
```

```
B =
    3.0000    2.5000    3.500    .
    0         0         6.0000
    8.0000    2.0000    3.0000
```

（3）正交基

格式：

```
B＝orth(A)    ％将 A 正交规范化
```

例 3.5.3　矩阵的正交规范化演示。

```
≫ A＝[1 0 3;0 1 1;2 0 0]
≫ B＝orth(A)
B =
  −0.9239   −0.1604   −0.3473
  −0.2923   −0.2900    0.9113
  −0.2469    0.9435    0.2210

≫ C＝B'＊B
C =
   1.0000    0.0000    0.0000
   0.0000    1.0000    0.0000
   0.0000    0.0000    1.0000
```

3.5.2　线性方程组求解

在线性代数中，线性方程组的一般式可表示为：

$$AX = B$$

其中，A 为线性方程组的系数矩阵，X 为未知项，B 则为已知常数项。

而对线性方程组的求解一般有两种，分别是：

· 求方程组的唯一解，即特解；

· 求方程组的无穷解，即通解。

通常在线性代数中，我们可以根据系数矩阵的秩（r）来判断解的情况。令 r 为线性方程组系数矩阵的秩，n 为未知变量的个数，则有：

· 若 $r＝n$，则方程组有唯一解；

· 若 $r＜n$，则方程组可能有无穷解。

并有结论：线性方程组的无穷解＝对应齐次方程组的通解＋非齐次方程组的一个特解。

（1）求线性方程组的特解

格式：

```
X＝B\A
```

```
X=B * inv(A)
```

注：其中的 B 为其已知项矩阵的转置。

例 3.5.4 求解线性方程组 $\begin{cases} x_1+x_2=1 \\ x_1-x_2=-1 \end{cases}$。

```
≫ A=[1 1;1 -1]                    %方程组系数矩阵
B=[1 -1]                          %常数项构成的矩阵的转置
≫ X=B/A
X =
    0    1
≫ X=B * inv(A)
X =
    0    1
```

（2）求齐次线性方程组的通解
格式：

```
null(A)                           %返回的列向量为方程组的正交规范基
null(A,'r')                       %返回的列向量为方程组的有理基
```

例 3.5.5 求解方程组 $\begin{cases} 2x_1-x_2-x_3=0 \\ 3x_1+4x_2-2x_3=0 \end{cases}$ 的通解。

```
≫ A=[2 -1 -1;3 4 -2]
≫ B=[4 11 11]
≫ null(A,'r')

ans =
    0.5455
    0.0909
    1.0000
```

（3）求非齐次方程组的通解

如同一般的线性代数解法，我们可以在 MATLAB 的工作环境中按部就班地先求一个线性方程组的特解和齐次通解，然后相加得到我们想要的线性方程组的通解，但 MATLAB 提供给了更为便利的解答方法。

利用 rref 函数，格式如下：

```
rref([A B])                       %B 为其已知项矩阵的转置
```

例 3.5.6 求解方程组 $\begin{cases} 2x_1+7x_2+3x_3+x_4=6 \\ 3x_1+5x_2+2x_3+2x_4=4 \\ 9x_1+4x_2+x_3+7x_4=2 \end{cases}$。

```
≫ A=[2 7 3 1;3 5 2 2;9 4 1 7]
≫ B=[6 4 2]
≫ rref([A B])
Error using horzcat
CAT arguments dimensions are not consistent.

≫ rref([A B'])    %rref 中的第二个参数必须为已知项矩阵的转置
ans =
    1.0000         0   -0.0909    0.8182   -0.1818
         0    1.0000    0.4545   -0.0909    0.9091
         0         0         0         0         0
```

运算结果表明，该方程组的一个特解为：$X_0=(-0.1818,0.9091,0,0)^{\mathrm{T}}$。

其基础解系有两个基向量：

$$\varepsilon_1=(-0.0909,0.4545,1,0)^{\mathrm{T}}$$
$$\varepsilon_2=(0.8182,-0.0909,0,1)^{\mathrm{T}}$$

最终得该方程组的解为：$X=X_0+K_1\varepsilon_1+K_2\varepsilon_2$。其中，$K_1$ 与 K_2 可取任意常数。

 ## 习题

1. 用 excel 文件创建矩阵 $A=\begin{bmatrix}2\ 3\ 4;\ 1\ 5\ 6;\ 9\ 8\ 7\end{bmatrix}$。

2. 用 dat 文件创建矩阵 $B=\begin{bmatrix}3\ 2\ 1;\ 6\ 5\ 4;\ 7\ 8\ 3\end{bmatrix}$。

3. 求向量组 $X_1=(1\ \ 2\ \ 3\ \ 4)$，$X_2=(-1\ \ 3\ \ 8\ \ 9)$，$X_3=(7\ \ 7\ \ 4\ \ 1)$，$X_4=(2\ \ 3\ \ 0\ \ 4)$ 的线性相关性。

4. 求解方程组 $\begin{cases}2x_1+x_2-x_3+3x_4=3 \\ 5x_1-x_2-x_4=4 \\ -3x_1+2x_2-x_3-2x_4=1\end{cases}$。

习题参考答案

"殊途同归"这个成语大家再熟悉不过，可是在计算机世界里，我们往往偏爱更加节约时间和空间的算法。甚至可以说程序设计的观念不仅在于解决问题，还在于如何巧妙地运用流程控制语句来编写出最佳程序。本章介绍程序设计的基础知识，主要包括 M 文件、流程控制语句以及程序设计的技巧三个方面。MATLAB 是所有高级语言中最友善、最相容、最常用的一种高级语言，它的许多语法与人类的口语语言几乎完全相同。因此，学完本章的内容，读者将会体会到，MATLAB 是一种非常方便的软件。

4.1 M 文件

4.1.1 M 文件概述

在介绍 M 文件前，请看图 4-1 所示的 MATLAB 窗口。

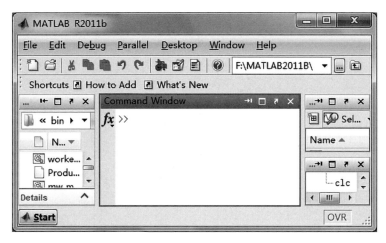

图 4-1 MATLAB 窗口

可以在图 4-1 所示的命令窗口 "Command Window" 中输入所要执行的命令，但这种方法不便于程序的存储、调试以及调用等，所以我们一般使用 M 文件来编辑程序。M 文件有脚本文件与函数文件两种形式，这将在 4.1.2 节做详细介绍，下面先介绍如何新建、保存与打开 M 文件。

首先，可以通过以下三种方法新建 M 文件：

① 在 MATLAB 命令窗口中输入 edit，就会弹出 M 文件窗口；

② 点击 MATLAB 窗口工具条中的 图标（位置大概在 "File" 下面）；

③ 点击 "File"，在下拉菜单中点击 "New"，再选择 "Script" 即可。如图 4-2 所示。

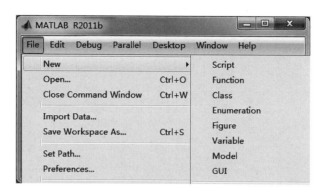

图 4-2 新建 M 文件的路径截图

若想要打开某个已编辑好的 M 文件，有以下几种方法：

① 在命令窗口中输入 "edit filename"，此处的 filename 就是指将要打开的 M 文件的文件名，可以不加扩展名；

② 点击 MATLAB 窗口工具条中的 " " 图标，再从弹出的对话窗中选择所需打开的文件；

③ 点击 "File"，在下拉菜单中点击 "Open"，再从弹出的对话框中选择所需打开的文件。

经过编辑或修改的文件，可通过点击 M 文件编辑窗口中工具条上的 " " 来存储文件，或者点击编辑窗口中的 "File"，在下拉菜单中选择 "Save"，然后再将文件保存到相应的位置。保存的时候需要注意，文件名只能包含字母、数字和下划线，其后缀为 ".m"。

4.1.2　M 脚本文件与 M 函数文件

M 文件有脚本文件和函数文件两种形式。

当遇到比较繁琐的计算，例如重复计算时，利用脚本文件比较适宜。脚本文件由一串按用户意图排列的 MATLAB 指令集合构成，其运行产生的变量会留在 MATLAB 工作空间中，其运行产生的结果会在 "Command Window" 中显示，也可以以图的形式显示或者以文件形式被保存下来。下面请看一个例子。

例 4.1.1　利用 M 文件编辑的方式，作出如下函数的曲线：

$$y_1 = \sin(2\pi t) + 2\cos(4\pi t) + \cos(8\pi t)$$

$$y_2 = \sin(2\pi t) + 2\cos(6\pi t) + \cos(16\pi t)$$

其程序设计为：

```
clear;
clc;
t=0:0.01:1;
y1=sin(2*pi*t)+2*cos(2*pi*2*t)+cos(2*pi*4*t);
y2=sin(2*pi*t)+2*cos(2*pi*3*t)+cos(2*pi*8*t);
plot(t,y1,'rp',t,y2)
```

输入程序之后，M 文件的界面如图 4-3 所示。

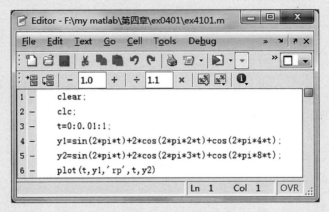

图 4-3 例 4.1.1M 文件截图

运行结果如图 4-4 所示。

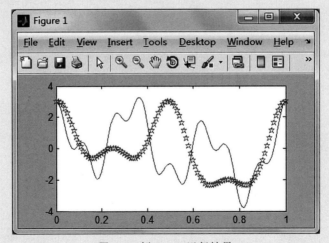

图 4-4 例 4.1.1运行结果

运行文件有如下三种方法。

① 点击 M 文件编辑窗口工具栏中的 "Debug"，在下拉菜单中选择 "Save File and Run" 就会出现一个保存文件的窗口，选择需要保存的位置，并给编辑好的文件命名。正如 4.1.1 节所提到的，文件名只能包含字母和下划线。点击 "保存" 后，运行结果就会自动弹出来。

② 可以直接按电脑键盘上的 "F5" 键，若文件还未保存，就会弹出保存窗口，接下来的步骤同上；若文件已经保存好，运行结果就会自动弹出；若文件有错，错误将会显示在 "Command Window" 中。读者可根据错误的位置自行调试。

③ 第三种方法的前提是文件已保存，并且文件名符合规范。这样，我们可以在 "Command Window" 中直接输入文件名，按 "Enter" 键即可得到结果。

值得注意的是，最好将 MATLAB 窗口工具栏中的文件路径改成所存储该 M 文件的路径，即将 "Current Folder" 改成存储将要被运行的程序的文件夹。

例 4.1.1 所涉及的画图基本知识，读者可以在 "Command Window" 中输入 "help plot" 再按 "Enter" 键，查看 "plot" 函数的用法和相关说明，也可以参照本书第 6 章。值得说明的是，MATLAB 不能画出连续函数的图像，因此作图前要先取点，即 "t = 0：0.01：1"。一般情况下，我们在运行一个程序前，还应在 "Command Window" 中输入 "clear"，再按 "Enter" 键来删除之前的程序运行时在 MATLAB 工作空间里留下的变量。

函数文件与脚本文件不同，它的格式比较严格。函数文件在工程量比较大的程序中是相当有用的。我们可以将一个比较大问题细化到每一个函数，然后在编程过程中，各个函数可以直接拿来调用，不需要重复编辑相同的语句，否则整个程序看起来太过冗长。更直白地说，这些读者自行编制的函数相当于对 MATLAB 中函数库进行了扩充，在不需要的时候就可以删去。

下面我们介绍函数文件的一般结构。

① 函数的第一行必须以 "function" 开头，称为 "函数说明行"（function definition line）。在函数文件运行时，系统就会为函数分配一个临时空间。函数中所包含的变量都放在这个空间中，并且在函数调用结束后释放这些空间。

② 接下来的一行为 H1 行（the first help line），以 "%" 开头，也叫作第一注释行，一般包含大写体的函数名和用关键字形容的函数功能。当用 "look for" 查找时，系统只会在函数的 H1 行中搜索是否符合条件的关键字。

③ 紧接着 H1 行的为帮助文字，也是由 "%" 开头。主要对函数的功能进行更加详细的解释，比如对函数中出现的变量的说明或者对一些函数的解释等。并且，搜索一个 M 文件的帮助时，帮助文字会同 H1 行一起出现。帮助文字与 H1 行构成的整体可以称为 "在线帮助文本区"（help text）。

④ "在线帮助文本区" 下面空一行，仍以 "%" 开头，是该函数文件编辑和修改的相关记录。

⑤ 再下面才是函数体（function body），即具体实现函数功能的控制流程语句的集合。它们一般与前面的注释部分也有一个空行相隔。为了方便读者理解，函数体中有的语句后面也可以添加注释，仍以 "%" 开头。总之，注释部分可以根据情况自行添加，但一个函数文件中 "函数说明行" 和 "函数体" 是必不可少的。下面请看一个函数文件的例子。

例 4.1.2　（用 M 文件编制）

```
内容如下：

function [m,i,j]=ex0402(A)
%FIND_GREATEST find the greatest element ofan matrix
%A                表示某一矩阵
%m                指定矩阵中的最大元素,此处的指定矩阵即 A 矩阵
randn(3,4)        %随机产生一个 3 行 4 列的矩阵
max(A)            %若 A 只有一行或者一列,直接取该行或该列的最大值;
                  %若 A 是多行多列的,则取出各列的最大值
find(A==m)        %找出矩阵中等于 m 的元素在 A 中的位置
clear;
clc;
A=randn(3,4);
m=max(max(A));
 [i,j]=find(A==m);
```

关于 M 文件的知识，暂时先介绍这么多，若读者想深入了解，可参考有关书籍。我们平时使用比较多的还是 M 脚本文件，无论怎样，组成 M 文件的指令语句是非常关键的内容。若学会灵活运用指令语句，再结合 MATLAB 工具箱中已有的函数，就能轻而易举地利用编程解决问题。

4.2　流程结构与流程控制语句

4.2.1　流程结构

在介绍流程控制语句之前，让我们先了解一下常见的流程结构。常见的流程结构有 3 种：顺序结构、分支结构、循环结构。

（1）顺序结构

顺序结构是最简单的程序结构。用户在编写好程序后，系统就会按程序顺序逐一执行语句，得出所需要的结果。这种顺序结构的程序虽然容易编制，但由于没有比较复杂的控制语句，其能实现的功能也是比较单一有限的。因此，顺序结构只适用于较简单的程序。

下面请看一个例题（由于程序比较简单，本节中的大部分例题都以在命令窗口中直接输入的形式给出，未用 M 文件编制）。

例 4.2.1　求数组 a、b 的商。

```
在命令窗口中输入：
    >> clear;
    >> clc;
    >> a=[1 3 5];
```

```
≫ b=[2 4 6];
≫ c=a.\b
```

在命令窗口中显示：

```
c =
     2.0000    1.3333    1.2000
```

由此可见，系统会按顺序执行语句并输出结果。

（2）分支结构

分支结构一般出现在需要判断的地方，常用 if 语句来实现，有如图 4-5、图 4-6 和图 4-7 所示的三种形式。

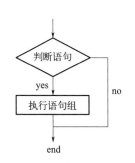

图 4-5　if…end 结构流程图

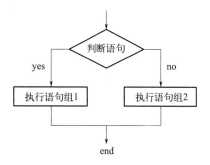

图 4-6　if…else…end 结构流程图

有关 if 语句的详细运用将在 4.2.2 节说明。另外，出现选择结构时，也可以用 switch 语句实现。

（3）循环结构

循环结构一般出现在多次有规律的运算过程中。程序中，被循环执行的语句组称为循环体。另外，每循环一次，都要判断是否继续重复执行循环体，判断的依据即为循环结构的终止条件。MATLAB 中有 for 语句和 while 语句两种循环结构，也将在 4.2.2 节中详细介绍。

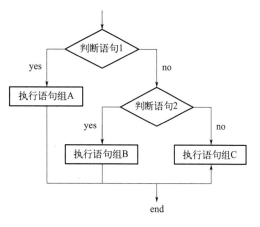

图 4-7　if…else if…else…end 结构流程图

4.2.2　流程控制语句

（1）for 循环结构

for 指令通常运用于循环语句，for 语句即循环语句，其关键字还包括 end、break 等。一般情况下，for 循环结构以 for 开始，以 end 结束，成为 for…end 结构，其格式为：

```
for 循环变量＝初值:步长:终值
    语句组 A
```

```
    end
```

需要说明的有以下几点。

① 若"步长"省略，则以 1 为默认步长值。

② 初值和终值可正可负，可从小到大，也可以从大到小，但必须合乎正常计数逻辑。

③ for 后面所跟随的循环变量，有时候我们又称之为"计数器"，用以对回路控制进行计数。

④ 整个 for 指令的执行过程是：首先给循环变量赋初值，然后执行语句组 A，结束后再折返，循环变量增加一个"步长值"，然后判断是否超过了终值，若未超过则再次执行语句组 A，以此类推；若超过了，则跳过语句组 A，执行 end，整个 for 指令执行结束。

例 4.2.2 求 $1+2+3+4+5+\cdots+99+100$ 的和。

```
在命令窗口中输入：

    >> clear
    >> clc
    >> sum=0;              %设定变量初值为 0
    >> for n=1:100         %设定计数器变量 n 为回路控制计数器,自 1 至 100 计数,增量为 1
    sum=sum+n;             %随计数器的增量进行累加工作,sum 初值为 0,n 的初值为 1
    end                    %控制回路至 end 折返
    >> sum

在命令窗口中显示：

    sum=
        5050
```

这个题目是循环控制最基础的一个题目。但仍有需要注意的地方，先看下面的程序。

继续在命令窗口中输入：

```
    >> for n=1:100;
        sum=sum+n;
     end
    >> sum

在命令窗口中显示：

    sum=
        10100
```

比较原来的程序可知，若没有设置 sum 的初值，程序输出的结果就会出乎意料。在一般的高级语言中，若是没有设定变量的初值，则程序在执行时会以 0 为其初始值来运算。所以，许多读者习惯了这样的用法，因此，当变量初值应该为 0 时，就把赋初值这一步省略掉了。这在 MATLAB 中是一个致命的错误。在此例中，省略 sum=0 会出现两种情况，其一是 sum=10100，这是因为它累计了上一次执行的结果；第二种情况是屏幕上会出现：

```
Error using sum
Not enough input arguments.
```

这是告诉我们用错了 sum 这个变量，事实上，这就是 MATLAB 的一个内涵指令。未被设定的变量，不可以使用在累加式中。如果要累加的数比较多，而变量在之前的程序中已经被赋值，所以再执行新的含有相同变量的程序时，我们并不能看出结果是错的。因此，我们最好在执行每一个新的程序之前，都用"clear"删除 MATLAB 工作空间中已有的变量，这在例 4.1.1 中也提到过，之后将不再说明。

例 4.2.3 设计一个程序，求 1 至 10 的阶乘（$1 \times 2 \times \cdots \times 10 = ?$）。

在命令窗口中输入：

```
≫ clear
≫ clc
≫ x=1;
≫ for  i=1:10;
        x=x*i;
        end
≫ x
```

在命令窗口中显示：

```
x =
   3628800
```

这一题与例 4.2.1 极为相似，但有一个不同之处，即对变量 x 的初始值设定是 1 而不再是 0，因为 0 与任何数相乘都等于 0，得到的结果将不正确。这一题也是相当基础的重要程序，它不但可以训练我们的思维，而且还增强我们的逻辑观念与程序设计能力。

例 4.2.4 请仔细思考下列程序的执行结果，并说明原因。

在命令窗口中输入：

```
≫ clear
≫ clc
≫ for  i=1:10;
        x(i)=i.^2;
    end
≫ x
```

在命令窗口中显示：

```
x =
   1   4   9   16   25   36   49   64   81  100
```

这个题目也是相当经典的范例，若将程序运行的结果遮住，我们所预期的结果与正确答案未必一致。绝大部分人认为 x 的值会是 100，而不是一个矩阵。其他的高级语言也是如此，一个变量所代表的数值最后一定只有一个值可以存在，而不能在同一时间代表两个以上的数值存在。这就是 MATLAB 的特别之处。在 MATLAB 中，循环语句每一步得出的结果都会保存下来，比如说，在这一例中，若将"x(i)＝i.^2"换成"x(i)＝i^2"，最后的输出结果有 10 个，依次是"x＝［1］，x＝［1 4］，x＝［1 4 9］，…，x＝［1 4 9 16 25 36 49 64 81 100 ］"。

例 4.2.5　以上一题为基础，进一步思考下一程序的执行结果，并说明原因。

在命令窗口中输入：

```
>> clear
>> clc
>> for  i=1:10;
          x(i)=i.^2;
      end
>> x(i)
```

在命令窗口中显示：

```
ans =
    100
```

通过例 4.2.4 与例 4.2.5，希望读者可以建立一个正确的变量的使用方法。我们在使用 x(i) 这个变量时，读者可能立马领悟到其中一定存放了 i 从 1 至 10 的运算结果，这个想法是错误的。i 的值在回路最后变成了 10，因而 x(i) 表示的是 x(10)，按"Enter"键后会得到 ans＝100 的结果。若进一步输入 x(11) 就会出错：

```
Index exceeds matrix dimensions.
```

即超过了矩阵定义的维度。

例 4.2.6　设计一个九九乘法表。

在命令窗口中输入：

```
>> clear
>> clc
>> for i=1:9;
     for j=1:9;
         a(i,j)=i*j;
     end
   end
>> a
```

在命令窗口中显示：

```
a =
     1     2     3     4     5     6     7     8     9
     2     4     6     8    10    12    14    16    18
     3     6     9    12    15    18    21    24    27
     4     8    12    16    20    24    28    32    36
     5    10    15    20    25    30    35    40    45
     6    12    18    24    30    36    42    48    54
     7    14    21    28    35    42    49    56    63
     8    16    24    32    40    48    56    64    72
     9    18    27    36    45    54    63    72    81
```

　　这一程序嵌套使用了 for 语句，并且得到的结果是矩阵的形式。值得注意的是，若嵌套使用 for 语句，不能忘了每一个 for 都有一个 end 与其对应。在这一题中，变量 i 控制行，变量 j 控制列。若这样形容不够清晰，请看下面的程序：

　　在命令窗口中输入：

```
>> clear
>> clc
>> for i=1:10;
     for j=1:9;
         a(i,j)=i*j;
     end
   end
>> a
```

　　在命令窗口中显示：

```
a =
     1     2     3     4     5     6     7     8     9
     2     4     6     8    10    12    14    16    18
     3     6     9    12    15    18    21    24    27
     4     8    12    16    20    24    28    32    36
     5    10    15    20    25    30    35    40    45
     6    12    18    24    30    36    42    48    54
     7    14    21    28    35    42    49    56    63
     8    16    24    32    40    48    56    64    72
     9    18    27    36    45    54    63    72    81
    10    20    30    40    50    60    70    80    90
```

　　由此可见，i 的范围变大，行的数量就会增加。

　　其实，在某些情况下，我们应该避免使用 for 语句。因为 for 语句的执行结果一般为一个矩阵，而矩阵中每一个元素的位置与循环变量有关系，表示位置的量必须是正整数，而循环变量却不一定是正整数。出现这种情况时，我们要么避免使用 for 语句，要么使用 length 或 size 函数。请看下面的例题。

例 4.2.7 $t=0$：0.1：10，$y=\sin(t)$，当 $y(t) \leqslant 0$ 时，置 y 的值为 1/2。画出函数 $y(t)$ 的图。

使用 for 循环的程序：

```
>> clear
>> clc
>> t=0:0.1:10;
>> y=sin(t);
>> for i=1:length(t)        %length(t)表示取 t 矢量的长度,此处指 t 矩阵的列数;
                            %也可以使用"t=1:size(t,2)",size(t,2)表示 t 矩阵的列
                            数,另外,size(t,1)表示 t 矩阵的行数
     if y(i)<=0
         y(i)=0.5;
     end
end
>> plot(t,y)
```

不用 for 循环的程序：

```
>> clear
>> clc
>> t=0:0.1:10;
>> y=sin(t);
>> y(find(y<=0))=1/2;
>> plot(t,y)
```

最终的运行结果如图 4-8 所示。

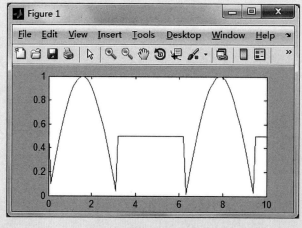

图 4-8 例 4.2.7 运行结果

在这个例题中，很显然，使用 for 语句就显得比较复杂了。有关程序设计的技巧还会在 4.3 节具体介绍，这里只略提一二。

（2）if 分支结构

if 指令通常运用于分支结构（即选择结构），其关键字还包括 else、elseif、end。在 4.2.1 节中，我们知道分支结构通常有三种形式，比较完整的结构如下：

```
if 条件 1
      语句组 1
      elseif 条件 2
          语句组 2
      else
          语句组 3
end
```

需要说明的有以下几点。

① 在执行该语句时，首先判断是否满足条件 1，若满足，则执行语句组 1；若不满足，则再判断是否满足条件 2，若满足，则执行语句组 2；若不满足则执行语句组 3。

② 整个指令口语化的意思为：

假如……则……；要是……则又……；否则……。

举一个例子：假如天气晴朗则去户外野炊，要是多云则去海边游泳，否则就留在屋内。

③ elseif 与 else 是选项，可以根据要求而取舍，有时候，并不需要 elesif，选择语句变为 if…else…end 结构或者 if…end 结构。

④ 在 if 语句中所使用的判断条件是建立在关系运算与逻辑运算基础之上的，若能熟悉掌握这两种运算，则对条件的成立有很大的帮助。

例 4.2.8　请思考下列程序的执行结果，并说明原因。

```
在命令窗口中输入：
    ≫ clear
    ≫ clc
    ≫ a＝10;
    ≫ b＝20;
    ≫ if a＜b
        disp('b＞a')          %打印出"b＞a"
    end 回车
在命令窗口中显示：
    b＞a
```

这个题目使用的选择结构是 if…end 结构，若 a 的值比 b 的值大，按"Enter"键之后，没有任何输出，即若不满足 if 后面的条件，程序将直接跳过其下面的语句而执行 end，结束程序的运行。

例 4.2.9 请进一步思考下列程序的运行结果，并说明原因。

在命令窗口中输入：

```
>> clear
>> clc
>> a=100;
>> b=20;
>> if a<b
       disp('b>a')
    else
       disp('a>b')
end 回车
```

在命令窗口中显示：

```
a>b
```

这题使用的选择结构是 if…else…end 结构，相比于上一例而言，我们增加了 else 这个关系比较式的条件判断句，即在 if 条件之后进一步可以选择的处理方案。

例 4.2.10 下列程序的运行结果会有错误信息，请仔细思考并加以改正。

在命令窗口中输入：

```
>> clear
>> clc
>> a=20;
>> b=20;
>> if a<b
       disp('b>a')
       elseif a=b 回车
```

在命令窗口中显示：

```
    elseif a=b
Error:The expression to the left of the equals sign is not a valid target for an as-
signment.
```

这一题本来打算使用 if…elseif…else…end 结构，输入下列程序：

```
a=20;
b=20;
if a<b
  disp('b>a')
elseif a=b
  disp('a=b')
else
```

```
    disp('a>b')
end
```

但实际上在"elseif a＝b"这一步就开始出错了，因为逻辑运算中，要表示一个数等于另一个数，必须使用"＝＝"号。所以，只要将这一步中的"＝"换成"＝＝"，程序就能顺利执行，最终输出的结果是：a＝b。

除了两个数之间可以比大小之外，两个矩阵之间也可以比较大小，这里不再举例说明，请读者自行探索。

（3）while 循环结构

while 指令是另一个常用语循环结构的语句，其格式为：

```
while 条件表达式
  语句组 A
end
```

需要说明的有以下几点。

① 程序根据 while 后面的条件表达式判断是否执行下方的语句组 A。

② 在执行 while 指令时，首先判断其后面的条件表达式的逻辑值，若为"真"，则执行语句组 A 一次，在反复执行过程中，每次都会进行测试。若测试的值为"假"，则程序的执行将会跳过语句组 A，直接执行 end 之后的下一指令。

③ 为了避免因逻辑上的失误而陷入无穷回路，我们建议在回路中适当的位置放置 break 指令，以便在失控时可以跳出回路。

④ while 指令也可以嵌套使用，如下所示：

```
while  条件表达式 1
    语句组 1
      while  条件表达式 2
        语句组 2
      end
    语句组 3
    语句组 4
    ……
end
```

例 4.2.11　设计一个程序，求 1 至 100 偶数之和。

在命令窗口中输入：

```
≫ clear
≫ clc
≫ x＝0;              %设置变量 x 初值为 0
≫ sum＝0;            %设置变量 sum 初值为 0
```

```
≫ while x<101          %当 x>=101 时,程序脱离回路
    sum=sum+x;          %进行累加
    x=x+2;              %x的步长为 2,保证结果是偶数相加得到的
  end
≫ sum
```

在命令窗口中显示:

```
    sum =
        2550
```

例 4.2.12 假设制定这样一个存钱计划,第一天存 1 元,第二天存 2 元,第三天存 4 元,第四天存 8 元,以此类推,直到满一个月 (31 天) 为止,求总共存的金额数。

在命令窗口中输入:

```
≫ clear
≫ clc
≫ x=1;
≫ y=0;
≫ for j=1:31;
      y=x+y;
      x=2. * x;
  end
≫ fprintf('Total=%f',y)
```

在命令窗口中显示:

```
Total=2147483647.000000
```

由此可见,MATLAB 在日常生活中有极其广泛的用途,例如,我们可以将其作为一种计算工具运用在银行贷款或存款中。

(4) switch 分支结构

当选择结构的分支较多,使用 if 语句显得冗长的时候,我们可以使用 switch 语句,其结构如下:

```
switch   变量 A
    case   a1
        语句组 1
    case   a2
        语句组 2
    ……
    otherwise
        语句组 n
  end
```

需要说明的有以下几点。

① 该语句的执行过程，从表面上看是将 A 的值作为判别执行哪一个语句组的依据，若 A 的值为 a1 则执行语句组 1，以此类推。实际上是将 A 的值依次与 case 后面的检测值进行比较，若结果为真，则执行相应的语句，若为假则继续比较。若与所有 case 后面的值均不等，则执行 otherwise 后面的语句。

② A 应当是个标量或者一个字符串。因此，并不是所有分支过多的选择结构都可以用 switch 语句来解决的。当 A 为一个标量时，MATLAB 将把 A 与 case 后面的各个检测值 ai（i＝1，2，3…）做比较，即判断（A＝＝ai）的逻辑值。若 A 为一个字符串，MATLAB 将使用 strcmp 函数来比较，即判断 strcmp（A，检测值 ai）的值。

例 4.2.13　用 switch 语句实现对学生成绩的管理。

这一题用 M 文件来编制。程序设计如下：

```
clear;
clc;
for i=1:10
        a{i}=89+i;
        b{i}=79+i;
        c{i}=69+i;
        d{i}=59+i;
end
c=[c,d];
Name={'Student1','Student2','Student3','Student4','Student5'};
Mark={98,84,76,43,100};
Rank=cell(1,5);
S=struct('Name',Name,'Marks',Mark,'Rank',Rank);
for i=1:5
    switch S(i).Marks
        case 100
          S(i).Rank='满分';
        case a
          S(i).Rank='优秀';
        case b
          S(i).Rank='良好';
        case c
          S(i).Rank='及格';
        otherwise
          S(i).Rank='不及格';
    end
end
disp(['姓名        ','得分    ','等级']);
```

```
for i=1:5;
    disp([S(i).Name,blanks(6),num2str(S(i).Marks),blanks(6),S(i).Rank]);
end
```

程序运行的结果如下：

```
姓名          得分       等级
Student1      98       优秀
Student2      84       良好
Student3      76       及格
Student4      43       不及格
Student5      100      满分
```

这是一个比较常见的应用 switch 语句的例子。在这个例题中，与上述说明中两点不同的是，case 后面的检测值既不是一个标量，也不是一个字符串，而是一个数组，并且，只要被检测值与该数组中的一个元素相等，就执行相应的 case 后面的语句。这样的数组叫作元胞数组。与普通数组不同的是，在创建元胞数组时，要用 "{ }" 将数组中的元素括起来，比如上例中的 "Name={'Student1','Student2','Student3','Student4','Student5'};" Name 就是一个元胞数组。若读者希望进一步了解元胞数组，可以参考有关书籍。

在这一例中，除了元胞数组有点例外，还需要说明的就是 struct 函数和 num2str 命令。"S=struct('Name',Name,'Marks',Mark,'Rank',Rank);" 表示创建一个含有 3 个元素的构架数组。而 num2str 命令表示将数值变量转换成字符串，并可以与其他字符串组成新的文本，在这一例中是将得分这一数值变量转换成字符串并且与姓名、等级这些字符串组成新的文本。若还不能清楚地理解这一概念，请看下面的例子。

在命令窗口中输入：

```
≫ m=1.0;
≫ s=['the height of the desk is only ',num2str(m),'meter']回车
```

在命令窗口中显示：

```
s =
    the height of the desk is only 1 meter
```

若读者希望进一步了解 struct 和 num2str，请参考相关书籍，这里不再赘述。

（5）try…catch 结构

try…catch 结构语句如下：

```
try
    语句组 1
catch
    语句组 2
end
```

该语句的执行过程是：总是执行语句组 1，若正确，则跳出此结构，仅当语句组 1 出现

执行错误的时候，才执行语句组 2。可以使用 laster 函数查询出错的原因，若其查询结果为一个空串，说明语句组 1 被成功执行。若执行语句组 2 有出错，MATLAB 将终止该结构。请看下面的例子。

例 4.2.14　try…catch 结构语句的运用。

这一题用 M 文件编制。程序设计如下：
```
clear;
clc;
N=4;
A=rand(3);
try
    A_N=A(N,:)
catch
    A_end=A(end,:)
end
lasterr
```

程序运行的结果如下：
```
A_end =
    0.6557    0.9340    0.7431
ans =
    Attempted to access A(4,:); index out of bounds because size(A)=[3,3].
```

由此可见，语句组 1"A_N=A(N,:)"执行出现错误，因为 A 矩阵的大小只有三行三列，因而不能取到 A 矩阵的第四行元素。程序的运行结果指出了这一错误，并且将语句组 2 的结果显示出来了，因为语句组 2 在执行过程中没有出现错误。

(6) 控制流程中其他常用的指令（表 4-1）

表 4-1　控制流程中其他常用的指令

指令及其使用格式	使用说明
v=input('message') v=input('message','s')	该指令执行时，"控制权"交给键盘；待输入结束，按下"Enter"键，"控制权"交还给 MATLAB。Message 是提示用的字符串。第一种格式用于键入数值、字符串、元胞数组等数据；第二种格式，不管键入什么，总以字符串形式赋给变量 v
keyboard	遇到 keyboard 时，将"控制权"交给键盘，用户可以从键盘输入各种 MATLAB 指令。仅当用户输入 return 指令后，"控制权"才交还给程序。它与 input 的区别是：它允许输入任意多个 MATLAB 指令，而 input 只能输入赋给变量的值
break	break 指令可导致包含该指令的 while、for 循环终止；也可以在 if…else…end、switch…case、try…catch 中导致中断
continue	跳过位于其后的循环中的其他指令，执行循环的下一个迭代
pause pause(n)	第一种格式使程序暂停执行，等待用户按任意键继续；第二种格式使程序暂停 n 秒后，再继续执行

续表

指令及其使用格式	使用说明
return	结束 return 指令所在的函数的执行,而把控制转至主函数或者指令窗。否则,只有待整个被调函数执行完后,才会转出
error('message')	显示出错误信息 message,终止程序
lasterr	显示最新出错原因,并终止程序
lastwarn	显示 MATLAB 自动给出的最新警告,程序继续运行
warning('message')	显示警告信息 message,程序继续运行

4.3 程序设计的技巧

在学习了 MATLAB 控制流程语句后,读者应该能感受到,MATLAB 语言与人类口语非常相似,没有什么复杂难懂的地方。除了许多函数可能需要单独去学习、理解、运用之外,其他指令都是非常通俗易懂的。尽管如此,我们在编程的时候还是要注意一些细节。当工程比较庞大的时候,MATLAB 运行的速度是比较慢的,若因为一个细节错误而耽误了时间,是非常不理想的。除此之外,我们也要考虑到程序的执行效率,尽量缩短程序的运行时间。本节将介绍一些常用的 MATLAB 编程技巧。

4.3.1 嵌套计算

一个程序的执行速度取决它所处理的数据、调用的子函数的个数以及程序所采用的算法。我们通常会尽量减少子程序的个数,提高算法的效率。嵌套计算在一定程度上降低了程序的复杂度,减少了程序运行的时间。这里所说的嵌套计算与 4.2.2 节中 while 语句的嵌套使用是有区别的,下面请看一个例子。

例 4.3.1 有两个多项式:① $y = a_0 + a_1 x + a_2 x^2 + a_3 x^3$;② $y = a_0 + x[a_1 + x(a_2 + a_3 x)]$。表达式②是表达式①的嵌套表达方式。前者需要 3 次加法和 6 次乘法,后者需要 3 次加法和 3 次乘法,显然,后者的效率更高,下面我们用程序来说明。

```
这一题用 M 文件编制。程序设计如下:

    clear;
    clc;
    N=100000;                    %假设多项式有 100000 项
    a=1:N;                       %每一项的系数依次为 1,2,…,100000
    x=1;                         %x 的值为 1
    tic                          %初始化时钟
    y1=sum(a. * x.^[0:1:N-1]);   %求多项式 y1=1+2x+3x^2+4x^3+…+100000x^9999
                                  的值
```

```
        y1,toc                          %显示 y1 的值,终止时钟,获得执行时间
        tic
        y2＝a(N);
        for i＝N－1:－1:1
             y2＝y2＊x＋a(i);            %嵌套计算 y2＝(…((100000x＋99999)x＋99998)x…)x＋1
                                         的值

        end
        y2,toc
        tic,y3＝polyval(a,x),toc   % polyval 函数是 MATLAB 自带的求多项式值的函数
```

程序运行的结果如下：

```
y1 ＝ 5.0001e＋009
Elapsed time is 0.006577 seconds.
y2 ＝ 5.0001e＋009
Elapsed time is 0.003194 seconds.
y3 ＝ 5.0001e＋009
Elapsed time is 0.006609 seconds.
```

由此可见，使用嵌套计算花的时间最短，调用 polyval 函数的方法花的时间最长。并且，在这一例中可以看出，就求多项式而言，我们可以根据表达式的规律，减少加减法或乘除法的次数，而使得多项式的值不发生改变，即可提高运算效率。只不过这一例，我们恰好可以使用嵌套计算的方法来实现这一目标。

例 4.3.2 分别运用嵌套计算和非嵌套计算求泊松分布的有限项之和。

$$F(M) = \sum_{n=0}^{M} \frac{\lambda^n}{n!} e^{-\lambda}$$

由概率论的知识，当 $M \to \infty$ 时，$F(M) \to 1$。

这一题用 M 文件编制。程序设计如下：

```
    clear;
    clc;
    r＝80;                         %r 即 λ
    M＝160;
    p＝exp(－r);
    f1＝0;
    for i＝1:M;                    %使用嵌套计算
            p＝p＊r/i;
            f1＝f1＋p;
    end
    f1
    f2＝0;
    for i＝1:M;                    %使用非嵌套计算
            p＝r^i/factorial(i);   % factorial(i)表示求 i 的阶乘
```

```
            f2＝f2＋p;
    end
    f2 * exp(－r);
    f2
```

程序的运行结果如下：

```
f1 = 1.0000
f2 = 5.5406e＋034
```

由此可见，嵌套计算不仅缩短了程序运行的时间，更提高了程序运行结果的准确性。

4.3.2　循环计算

由 4.2.2 节可知，MATLAB 有 while 和 for 两种循环计算语句。在程序设计技巧这一章中，我们提出循环计算，并不是因为循环计算也可以提高程序运行效率，而是要强调尽量避免使用循环语句。需要具体说明的有以下几点。

① 避免使用循环语句，尽量使用向量计算代替循环计算。例如，"for i＝1：100"可以直接用"i＝1：100"来代替，需要注意的是，接下来涉及 i 的计算也将是向量计算。

② 在必须使用 for 循环时，为了得到最大速度，在 for 循环被执行前，预先分配相应的数组内存。

③ 优先考虑内联函数（inline），因为内联函数由 C 语言构造，其运行速度显然快于使用循环的矩阵运算。

④ 应用 MEX 技术。MATLAB 语言虽然更人性化，但它也有缺点，即运行速度慢。若采取很多措施后，运行速度仍然很慢，则应该考虑使用其他语言，如 C 语言等。这时候，就需要按照 MEX 技术要求的格式编写相应的程序，然后通过编译连接，形成在 MATLAB 中可以直接调用的动态链接库（DLL）文件。有关 MEX 的知识，读者可以参考相关书籍。

4.3.3　使用例外处理机制

我们在编写程序的时候难免会犯一些错误，这时可以通过 MATLAB 窗口的错误提示信息来修改源程序。如果因用户使用不当而导致程序不能输出正确的结果，就应该考虑去完善程序，以便用户在使用不当时，指出使用错误并指导用户如何正确使用程序。简单讲，就是在源程序中添加例外处理语句。下面请看一个例子。

例 4.3.3　假设编辑一个函数文件如下：

```
function ex0419(n)
clear;
clc;
if (n＜＝0)|(ceil(n)～＝n)
    error('输入的数必须是正整数')
else
```

```
        n
    end
```

当用户在 MATLAB 命令窗口中输入 ex0419（1.3）时或者 ex0419（-1）时，会得到：

```
>> ex0419(1.3)
Error using ex0419 (line 3)
```

输入的数必须是正整数。

```
>> ex0419 (-1)
Error using ex0419 (line 3)
```

输入的数必须是正整数。

由这个例子可知，我们可以用 error（'message'）指令来完善源程序。有关 error 指令的用法在 4.2.2 节中已经提到过。用户在使用时发生的错误，大多数是由越界或者其他不符合矩阵运算的因素引起的。值得注意的是，输入的数不能超过矩阵的边界，也不能为非正整数。

有时候，也因为用户输入的参量个数超过设定的最大个数或者类型不符合要求而发生错误。若输入的参量少于设定的个数，则输入的参量一般会用默认值。比如 plot（x,y），若只输入 plot(y)，此时默认的 x 轴为 $[0,1,2\cdots]$ 序列。此处，我们介绍一个可以判断输入变量个数的函数，即 nargin 函数。其具体用法通过下面的例子来说明。

例 4.3.4　编辑一个 M 函数文件用于求两个多项式之和。

程序设计为：

```
function p=ex0420(a,b)
clear;
clc;
if nargin==1              %若输入的参数个数为 1,则始终将其作为第一个参量
    b=zeros();           %第二个参量默认为零向量
elseif nargin==0         %若输入的参数个数为 0,则报错
    error('empty input');
end
a=a(:).';
b=b(:).';
la=length(a);            %当 a 与 b 的长度不同时,较短的向量默认在前面补零,使之与另
lb=length(b);            一个向量等长
p=[zeros(1,lb-la) a]+[zeros(1,la-lb) b];
```

编辑好函数文件后若在命令窗口中输入：

```
>> a=[1 2 3];
>> ex0420 (a) 回车
```

就会得到：

ans = 1　　2　　3

若输入：

≫ ex0420 ()

就会得到：

Error using ex0420 (line 5)

empty input

由这个例子可知，nargin 函数可用来判断输入的参量的个数，当参数个数输入不符合要求时就会报错，使得程序更加完美。

4.3.4　使用全局变量

MATLAB 语言不同于 C++等语言，在使用变量的时候一般直接命名并赋值即可，不需要声明变量类型，MATLAB 会根据赋值的形式默认变量的类型。但 MATLAB 中并不是所有的变量都可如此，如全局变量，用户需要在主程序或者子程序中声明一个或多个全局变量，这些全局变量在函数和主程序中就可以直接被引用了。这也是提高程序运行效率的方法之一。其生成格式如下：

```
global v1 v2 … vn
```

值得注意的有以下几点。

① 生成全局变量时，各变量用空格隔开。

② 在函数中调用全局变量后，全局变量保留在 MATLAB 工作空间中。

③ 两个或多个函数可以共有同一个全局变量，只需同时在这些函数中用 global 语句定义即可。

④ 最好将全局变量全部用大写字母命名，避免与局部变量重名。

⑤ 一旦被声明为全局变量，则在任何声明它的地方都可以对其进行修改。因此，用户很难知道全局变量的确切值，使得程序的可读性下降。

下面我们通过实例来了解全局变量的用法。

例 4.3.5　本例将说明全局变量的声明即函数传递。

```
function Sa=ex0421(t,D)    %子函数,用于生成一个抽样函数 Sa(t)
global D
t(find(t==0))=eps;
Sa=sin(pi*t/D)./(pi*t/D);
function ex0421main()    %主函数
clear;
clc;
global D
```

```
D=1;
t=-10:0.001:10;
plot(t,ex4305(t,D))
```

程序的运行结果如图 4-9 所示。

若将子程序 ex0421 中的全局变量声明语句改为"global D=2",则程序的运行结果（如图 4-10 所示）变为：

```
>> ex0421main
Warning: The value of local variables may have been changed to match the glob-
        als. Future versions of MATLAB will require that you declare a variable to
        be global before you use that variable.
> In ex0421 at 2
  In ex0421main at 5
```

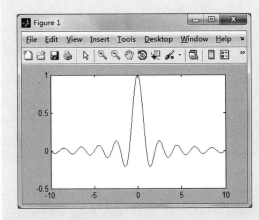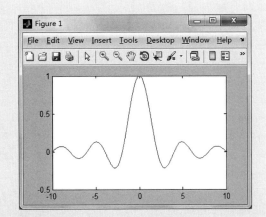

图 4-9　例 4.3.5 运行结果　　　　　　图 4-10　例 4.3.5 修改子函数 D
值之后的运行结果

可见，在子函数中对全局变量赋的值会覆盖主函数中对全局变量赋的值。

4.3.5　通过 varargin 和 varargout 传递参数

有时候，用户并不能确定函数调用过程中传递的输入参数和输出参数的个数，此时，我们就可以使用 varargin 和 varargout 函数来实现可变数目的参数传递。varargin 和 varargout 函数将传递的参数封装成元胞数组。其用法格式为：

① function[p1,p2]=ftn1(a,b,varargin)，表示函数 ftn1 可以接受输入参数大于两个的函数调用并返回两个输出参数。必选的参数是 a 和 b；

② function[p1,p2,varargout]=ftn2(a,b)，表示函数接受两个输入参数，可返回大于两个的输出参数。

下面我们通过具体实例来说明。

例 4.3.6　利用 varargin 函数对例 4.3.5 作图，并且作出不同输入参数个数时的图。方便起见，将 ex4305 中的 D 值重新定义，使用全局变量看不出结果的明显变化。

这一题用 M 文件编制。

先将 ex0421 修改为：

```
function Sa＝ex0422picture(t,D)
if nargin＜＝1
    D＝2
end
t(find(t＝＝0))＝eps;
Sa＝sin(pi＊t/D)./(pi＊t/D);


function ex0422()
clear;
clc;
D＝0.5;b1＝－8;b2＝8;
t＝b1:0.01:b2;
bounds＝[b1 b2];
subplot(1,3,1)
ex4306plot('ex0422picture')
axis([b1 b2 －0.4 1.2])
subplot(1,3,2)
ex4306plot('ex0422picture',bounds)
axis([b1 b2 －0.4 1.2])
subplot(1,3,3)
ex4306plot('ex0422picture',bounds,D)
axis([b1 b2 －0.4 1.2])


function ex0422plot(ftn,bounds,varargin)
if nargin＜2
    bounds＝[－2 2];
end
b1＝bounds(1);
b2＝bounds(2);
t＝b1:0.01:b2;
x＝feval(ftn,t,varargin{:});
plot(t,x)
```

程序运行的结果如图 4-11 所示。

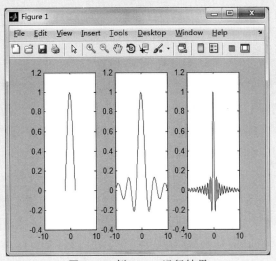

图 4-11　例 4.3.6 运行结果

例 4.3.6 也可以使用普通方法来解决，即使用 if…elseif…end 语句来实现，但这种方法过于繁琐。可见，varargin 和 varargout 函数可以降低函数复杂性，提高函数运行效率。若读者想深入了解参数传递函数的运用，也可以参考相关书籍。

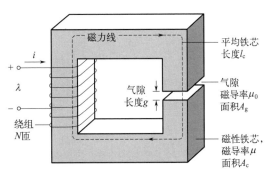

图 4-12　有气隙的磁路

例 4.3.7　图 4-12 所示的磁路有尺寸 $A_c = A_g = 9\mathrm{cm}^2$，$g = 0.050\mathrm{cm}$，$l_c = 30\mathrm{cm}^2$，$N = 500$ 匝，试用 MATLAB 绘制出电感随铁芯磁导率变化的曲线，范围为 $100 < \mu_r < 100000$。

以下为 MATLAB 源程序：

```
clc
clear
% 自由空间的磁导率
mu0 = pi * 4.e-7;
%采样公字单位(米,平方米)
Ac = 9e-4; Ag = 9e-4; g = 5e-4; lc = 0.003;
N = 500;
%气隙磁阻
Rg = g/(mu0 * Ag);
mur = 1:100:100000;
Rc = lc./(mur * mu0 * Ac);
Rtot = Rg+Rc;
```

```
 L = N^2./Rtot;
plot(mur,L)
xlabel('铁芯相对磁导率')
ylabel('电感/H')
```

　　最终绘图结果如图 4-13 所示，分析图中曲线可以看出，在相对磁导率降低到 1000 前，电感对于相对磁导率一直不敏感，因此，只要铁芯的有效相对磁导率"大"，铁芯材料特性的任何非线性变化，都不会影响电感器的端部特性。

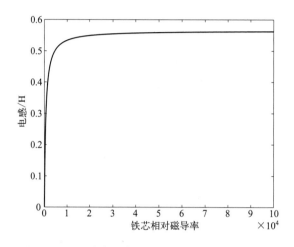

图 4-13　用 MATLAB 绘制的例 4.3.7 的电感与相对磁导率的关系图

 习题

　　1. 分别用 for、while 循环以及不使用循环语句的方法求 $\sum\limits_{i=1}^{50} 2^i$ 的值。

　　2. 有一组数据：-12，3，0，60，1，9，23，72，88，30，设计一个程序，实现以下功能：

　　① 将上述数据从大到小排列；

　　② 求上述数据之和；

　　③ 统计上述数据共有几个值；

　　④ 将上述数据中的偶数取出；

　　⑤ 找出上述数据中的最大值；

　　⑥ 找出上述数据中既能被 3 整除又能被 5 整除的数。

　　3. 编写一个画图函数，将其作为子函数，在主函数中调用之，并且满足：当输入的参数为空时，绘制单位圆；当输入的参数为一个大于 2 的正整数时，绘制出以参量为边数的正多边形；若输入的参量为其他情况，则报错。

习题参考答案

第5章

函数的分析

5.1 概要

MATLAB 作为一种超高级语言，有它独特的功能。本章将带大家了解 MATLAB 中重要的组成部分——函数。

MATLAB 中提供了各种各样关于数值计算的数学函数，并用图像形象直观地表示出计算的结果。这与高级语言 C++有很大的区别。在 C++中，有的函数需要我们自己去定义，然后再去调用。而在 MATLAB 中，我们只知道这些函数的语法即可，调用函数总是比自己去定义函数简单得多，这也使更多的人能很快地掌握 MATLAB 的用法。

本章详细列出了在数值信号处理中比较常用的函数，如三角函数、矩阵函数、傅里叶变换函数等，还有一些特殊的函数。

在今天高速发展的科技领域，很多时候我们并不需要知道在输入数据后，这些数据是如何得出结果的，我们只要能够利用好这些工具，得出我们需要的结果即可。

5.2 函数分析相关指令

MATLAB 在函数解析上提供了非常完整的系数指令，帮助使用者可以非常简便地完成所需要的相关指令。MATLAB 在处理函数方面的指令非常丰富，可分为六大项目。

① 数学函数（mathematics function）。包括：基本矩阵与矩阵运算、特殊矩阵、基本数学函数、特殊数学函数、坐标系统转换、矩阵函数与线性代数、资料分析与傅里叶转换、多项式函数、非线性函数与数值方法、稀有函数。

② 绘图函数（graphics function）。

③ 程序与资料函数（programming and data types function）。包括：运算子与特殊符号、逻辑函数、文字结构与出错、字符串函数、位元函数、结构函数、MATLAB 物件函数、阵列元素函数、多维阵列函数。

④ 圆形人机界面函数（creating guis function）。

⑤ 外界界面函数（external interfaces function）。包括：MATLAB 对 JAVA 之人机界面、串列 I/O 输入输出端口。

⑥ 发展工具函数（development environment function）。包括：一般性指令、声音处理函数、档案输入输出函数。

由于 MATLAB 在函数方面的指令极为丰富，本书也无法一一列出，这里只列出我们在程序设计的工程中常常用到的一些函数，并列有范例。

5.3 基本数学函数

现将 MATLAB 用到的基本数学函数以表格的形式罗列如下，见表 5-1，这些函数既可以直接在命令窗口（Command Window）中输入，也可以在编写 M 文件时使用。

表 5-1 基本函数和指令

函数	说明
abs(x)	对矩阵 x 取绝对值
sign(x)	取出矩阵 x 的符号
sqrt(x)	对矩阵 x 求平方根
exp(x)	e.^x
log(x)	以 e 为底的对数用 log()表示，如 log(x)
log10(x)	以 10 为底的对数用 log10()表示，如 log10(x)
log2(x)	以 2 为底的对数用 log2()表示，如 log2(x)

例 5.3.1 计算矩阵 $x = [13, -5, -12]$ 的 abs、sign、sqrt 值。

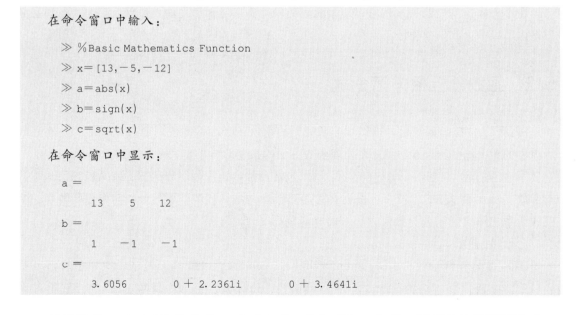

```
在命令窗口中输入：
≫ %Basic Mathematics Function
≫ x=[13,−5,−12]
≫ a=abs(x)
≫ b=sign(x)
≫ c=sqrt(x)
在命令窗口中显示：
a =
     13     5     12
b =
     1    −1    −1
c =
     3.6056      0 + 2.2361i      0 + 3.4641i
```

如果将"a=abs(x)"改成"a=abs(x);"，点击"Enter"键，返回的结果得不出"a= 13 5 12"。因为在 a=abs(x)后面加";"就不会显示运行结果，这个地方需要大家注意。

例 5.3.2 计算当 $x=10$ 时，$e^{50/x}$ 的值。

在命令窗口中输入：

```
>> clear;
>> x=10;
>> y=exp(50/x)
```

在命令窗口中显示：

```
y =
    148.4132
```

clear 是清除之前参数的作用，当直接在 Command Window 中输入 clear 时，点击"Enter"键，在 workspace 中的变量就被清除掉，这时需要重新输入变量 x、y。

例 5.3.3　当 $x=1000$ 时，求 $\log(x)$。

在命令窗口中输入：

```
>> clear;
>> x=1000;
>> y=log(x)
```

在命令窗口中显示：

```
y =
    6.9078
```

例 5.3.4　当 $x=100$ 时，求 $\log10(x)$。

在命令窗口中输入：

```
>> clear
>> x=100
>> y=log10(x)
```

在命令窗口中显示：

```
y =
    2
```

例 5.3.5　当 $x=1024$ 时，求 $\log2(x)$。

在命令窗口中输入：

```
>> clear
>> x=1024
>> y=log2(x)
```

在命令窗口中显示：

```
y =
    10
```

例 5.3.6 　绘制指数函数 $\exp(x)$ 的函数曲线图，x 的取值范围为 $0\sim100$。

在命令窗口中输入：

```
≫ clear ;
≫ x＝0:0.01:100;
≫ y＝exp(x);
≫ plot(y);
```

在命令窗口中显示绘图结果，如图 5-1 所示。

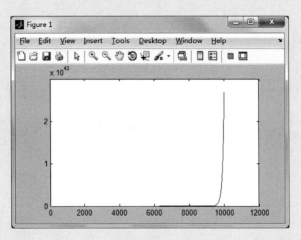

图 5-1　$\exp(x)$ 的函数曲线图（x＝0：0.01：100；）

程序中利用到绘图函数 plot(y)，在 "x＝0：0.01：100;" 中，0.01 表示采样的间隔。该程序中在语句后面加 ";" 可以省略大量采样得出的结果。如果将 "x＝0：0.01：100;" 改成 "x＝0：10;" 时，运行的结果如图 5-2 所示。

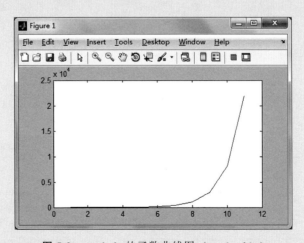

图 5-2　$\exp(x)$ 的函数曲线图（x＝0：10；）

因为系统自动以间隔 1 进行采样绘图。

例 5.3.7 绘制对数函数 $\log(x)$ 的函数曲线图，x 的取值范围为 $1\sim100$。

在命令窗口中输入：

```
>> clear ;
>> x=1:1:100;
>> y=log(x);
>> plot(y);
```

在命令窗口中显示绘图结果，如图 5-3 所示。

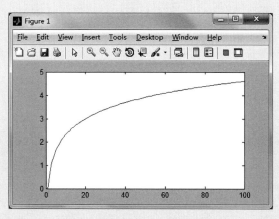

图 5-3 $\log(x)$ 的函数曲线图

例 5.3.8 设计程序能同时绘出对数函数 $\log(2x)$、$\log10(2x)$、$\log2(2x)$ 三种函数的特性曲线图，这样可更直观地比较对数函数的特性。

在命令窗口中输入：

```
>> clear ;
>> fplot('[log(2*x),log10(2*x),log2(2*x)]',[1,100]);
```

在命令窗口中显示绘图结果，如图 5-4 所示。

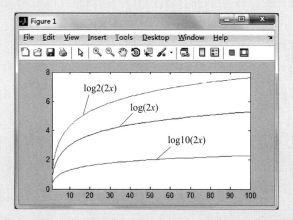

图 5-4 $\log(2x)$、$\log10(2x)$、$\log2(2x)$ 三种函数的特性曲线图

例 5.3.9　对于例 5.3.8，利用基本的绘图函数 plot(y)，可以实现同样的功能，但程序设计却是另一种方法。

在命令窗口中输入：

```
≫ clear;
≫ x=1:1:100;
≫ y1=log(2*x);
≫ plot(y1);
≫ hold on;
≫ y2=log10(2*x);
≫ plot(y2);
≫ hold on;
≫ y3=log2(2*x);
≫ plot(y3);
```

在命令窗口中显示绘图结果，如图 5-5 所示。

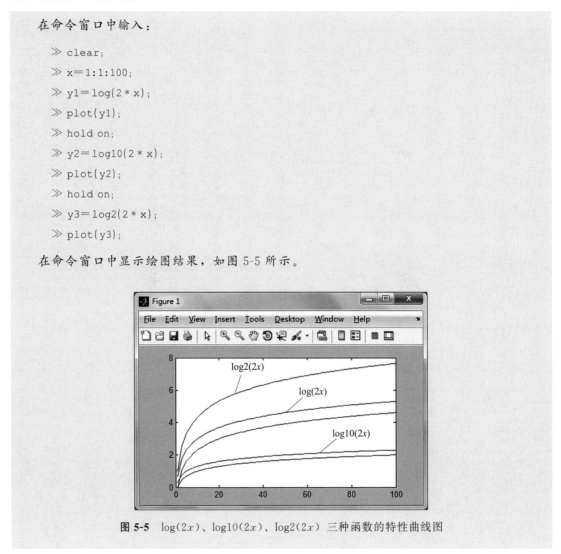

图 5-5　$\log(2x)$、$\log10(2x)$、$\log2(2x)$ 三种函数的特性曲线图

这种设计方法代码比较长，容易理解。"hold on"的作用是保持原来的图形，再将后面的图像叠加上来。

5.4　三角函数与反三角函数

MATLAB 提供了十分完整的三角函数各项使用功能，并针对各项系数、向量、矩阵等进行三角函数的运算。而要注意的地方是，三角函数的各项基本功能运算都是弧度而不是角度，如果要将弧度转换为角度则必须乘以（180/pi）。表 5-2 是各三角函数与反三角函数的说明。

表 5-2　函数和说明

函数	说明
sin(x)	正弦函数
cos(x)	余弦函数
tan(x)	正切函数
cot(x)	余切函数
sec(x)	正割函数
csc(x)	余割函数
asin(x)	反正弦函数
acos(x)	反余弦函数
atan(x)	反正切函数
acot(x)	反余切函数
asec(x)	反正割函数
acsc(x)	反余割函数

例 5.4.1　绘制出一个周期内 $2\sin t$ 的波形图。

在命令窗口中输入：

```
≫ clear;
≫ t=0:0.01:1;
≫ y=2*sin(2*pi*t);
≫ plot(y);
```

在命令窗口中显示绘图结果，如图 5-6 所示。

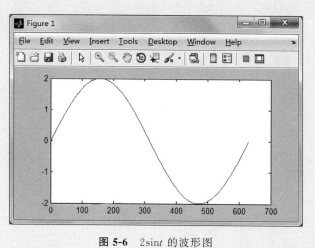

图 5-6　$2\sin t$ 的波形图

"$2*pi$"表示直角坐标系中的 $360°$。采样间隔越小，则绘制出的图像越接近真实图像。

例 5.4.2　在一张图中，同时绘制出 $\sin x$、$\cos x$ 的图像。

在命令窗口中输入：

```
≫ clear;
≫ x=0:0.001:2*pi;
≫ y1=sin(x);
≫ plot(y1);
≫ hold on;
≫ y2=cos(x);
≫ plot(y2);
```

在命令窗口中显示绘图结果，如图 5-7 所示。

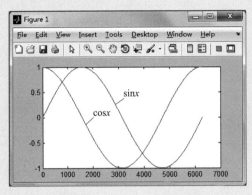

图 5-7　$\sin x$、$\cos x$ 的图像

例 5.4.3　在一张图上同时绘制 $\sin(2x)$、$\cos(2x)$、$\tan(2x)$ 的函数图像。

在命令窗口中输入：

```
≫ clear;
≫ fplot('[sin(2*x),cos(2*x),tan(2*x)]',[-2*pi,2*pi,-4,4]);
```

在命令窗口中显示绘图结果，如图 5-8 所示。

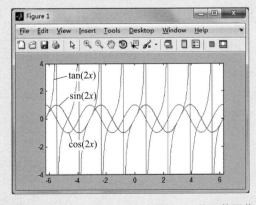

图 5-8　$\sin(2x)$、$\cos(2x)$、$\tan(2x)$ 的函数图像

例 5.4.4　设计一程序，求 $\sin x$ 在 x 取值为 $0\sim180°$ 时每 $15°$ 采样的值。

在命令窗口中输入：

```
>> clear;
>> x=0:15:180;
>> y=sin(x*pi/180)
```

在命令窗口中显示：

```
y =
    0    0.2588    0.5000    0.7071    0.8660    0.9659    1.0000
    0.9659    0.8660    0.7071    0.5000    0.2588    0.0000
```

对于例题中的 "y=sin(x*pi/180)" 项，结尾时不要加 ';'，否则将看不到运行的结果。如果将程序改为如下：

```
>> clear;
>> x=0:15:180;
>> y=sin(x*pi/180);
>> plot(y);
```

运行的结果如图 5-9 所示。

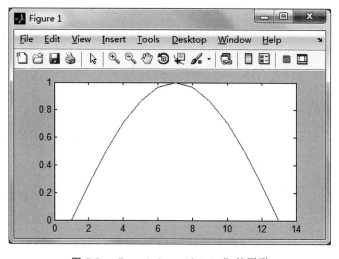

图 5-9　"y=sin(x*pi/180)" 的图形

例 5.4.5　设计一程序，用反三角函数，将上一题函数值序列反求出角度采样值，并给以相互验证。

在命令窗口中输入：

```
>> clear;
>> y=[0,0.2588,0.5000,0.7071,0.8660,0.9659,1.000,0.9659,0.8660,0.7071,0.5000,
    0.2588,0.0000];
```

```
≫ x=asin(y) * 180/pi
```

在命令窗口中显示:

```
x =
    0   14.9989   30.0000   44.9995   59.9971   74.9943   90.0000
   74.9943   59.9971   44.9995   30.0000   14.9989        0
```

这里面要注意的地方是"x=asin(y) * 180/pi",不要忘记" * 180/pi"。所得出的结果和上一例题的采样值相等。

例 5.4.6   用 MATLAB 来验证基本的三角函数运算公式:
$$\cos(x+y)=\cos x\cos y-\sin x\sin y$$

在命令窗口中输入:

```
≫ clear;
≫ x=pi/3;
≫ y=pi/6;
≫ a=cos(x+y);
≫ b=cos(x). * cos(y)-sin(x). * sin(y);
≫ if ceil(10000. * a)==ceil(10000. * b);
        fprintf('a=b,等式成立')
≫ else
        fprintf('a<>b,等式不成立')
≫ end
```

在命令窗口中显示:

```
a =
   6.1232e-017
b =
   2.2204e-016
a=b,等式成立≫
```

因为在 MATLAB 中,有很多计算出来的数是无理数,这时 MATLAB 会自动取小数点后四位作为有效数。这样得出的 a、b 就不能完全相等,但是取小数点四位有效数后,得出的结果就相等了。该例题中利用到 if...else 语法,这种语法我们前面也有详细的介绍,此处不做多的讲解。

例 5.4.7   设计一个程序,可以产生一个递增的余弦函数并作图。

在命令窗口中输入:

```
≫ clear;
≫ x=0:0.001:4 * pi;
≫ y=cos(x). * exp(x/10);
```

```
≫ plot(y);
```

在命令窗口中显示绘图结果,如图 5-10 所示。

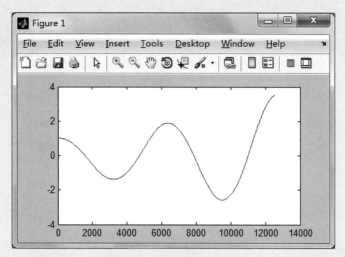

图 5-10　递增的余弦函数图形

在这个例子中，我们需要注意的地方是 "y＝cos(x)．＊exp(x/10)"，不能写成 "y＝cos(x)＊exp(x/10)"，否则系统运行会出现如下错误提示：

```
Error using  *
Inner matrix dimensions must agree.
```

因为矩阵与矩阵的相乘必须用 "．＊"，表示矩阵中对应的项进行相乘。如果是实数与矩阵相乘则不需要 "．＊"。对于这个例题，我们可以将：

```
x＝0:0.001:4＊pi;
```

改为：

```
x＝linspace(0,0.001,4＊pi);
```

所得出的结果还是一样的。

例 5.4.8　将正弦函数与 x 轴包围的区域填满。

在命令窗口中输入：

```
≫ clear;
≫ x＝0:0.001:4＊pi;
≫ y＝sin(x)．＊exp(x/10);
≫ fill(x,y,'b');
```

在命令窗口中显示绘图结果，如图 5-11 所示。

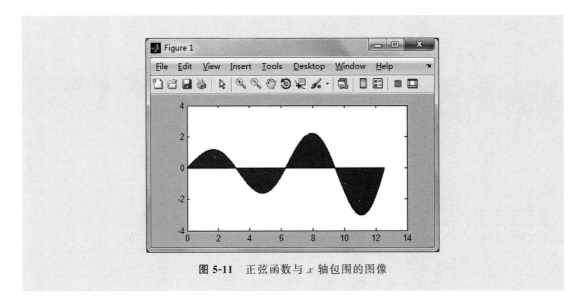

图 5-11   正弦函数与 x 轴包围的图像

对于这个例题，我们可以思考一个问题，当我们将程序中 $\sin(x)$ 改为 $\cos(x)$ 时，看看阴影区域是在哪一块。运行结果如图 5-12 所示。

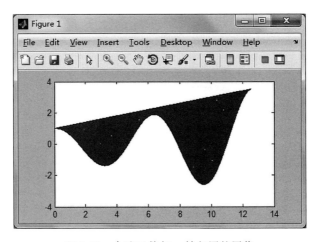

图 5-12   余弦函数与 x 轴包围的图像

例 5.4.9   绘制出 "$y=\cos(x).*\log(x/10)$" 的针状图。

在命令窗口中输入：

```
>> clear;
>> x=0:0.1:2*pi;
>> y=cos(x).*log(x/10);
>> stem(x,y)
```

在命令窗口中显示绘图结果，如图 5-13 所示。

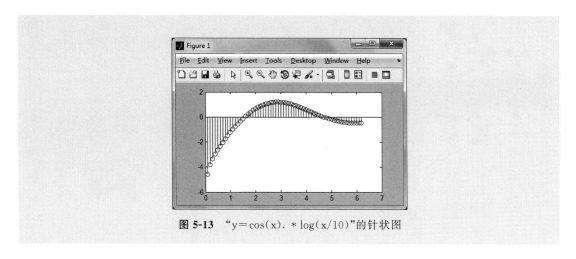

图 5-13 "y＝cos(x). ＊log(x/10)"的针状图

本例题中我们认识了一种新的作图工具 stem(x,y)。它和 plot(x,y)一样，都是绘制图像，但功能有点差别。这里我们需要注意的问题是"x＝0：0.1：2＊pi;"，这里面采样的间隔不能太小，否则就会像"fill(x,y,'b')"一样，成为阴影。同时大家也可以举一反三，用其他的三角函数代替 cos(x)，看看输出的结果如何。

例 5.4.10 设计一程序，绘制出 $y=\cos x\,e^{x/10}$ 的阶梯图。

在命令窗口中输入：

```
≫ clear;
≫ x＝0:0.2:4＊pi;
≫ y＝cos(x). ＊exp(x/10);
≫ stairs(x,y)
```

在命令窗口中显示绘图结果，如图 5-14 所示。

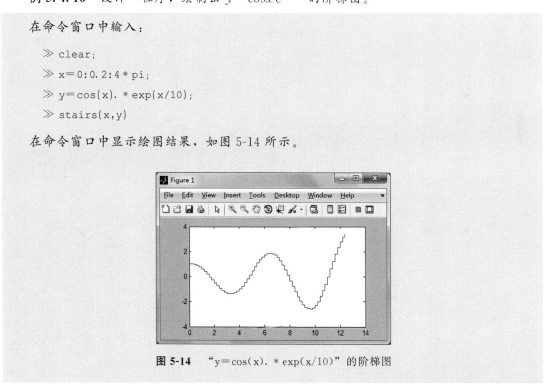

图 5-14 "y＝cos(x). ＊exp(x/10)"的阶梯图

在这个例题中，我们又了解了 stairs(x,y)函数，也是 MATLAB 里面的一种作图函数，用法和 plot(x,y)函数一样。

例 5.4.11 利用 $y=\cos x\,e^{x/10}$ 函数，绘制出该函数以及以该函数为误差值的特性曲线图。

在命令窗口中输入：

```
>> clear;
>> x=0:0.2:4*pi;
>> y=cos(x).*exp(x/10);
>> errorbar(x,y,y)
```

errorbar(x,y,y)函数的第三个 y 表示误差量。

在命令窗口中显示绘图结果，如图 5-15 所示。

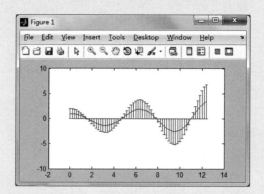

图 5-15　"y=cos(x).*exp(x/10)" 函数误差值的特性曲线

例 5.4.12　绘制函数 $y=\cos x\log(x/10)$ 的向量图。

在命令窗口中输入：

```
>> clear;
>> x=0:0.2:4*pi;
>> y=cos(x).*log(x/10);
>> feather(x,y)
```

在命令窗口中显示绘图结果，如图 5-16 所示。

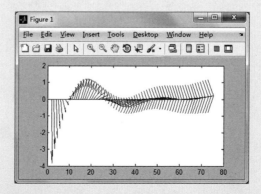

图 5-16　函数 "y=cos(x).*log(x/10)" 的向量图

绘制函数向量图的函数 feather(x,y)，用法和之前的绘图函数类似。速度向量正对我们，箭头最大。

5.5　双曲线三角函数与反双曲线三角函数

本节介绍 MATLAB 中另外一类三角函数——双曲线三角函数与反双曲线三角函数，见表 5-3。下面我们对这些函数做详细介绍并列出范例。

表 5-3　函数和说明

函数	说明	函数	说明
sinh(x)	双曲线正弦函数	asinh(x)	双曲线反正弦函数
cosh(x)	双曲线余弦函数	acosh(x)	双曲线反余弦函数
tanh(x)	双曲线正切函数	atanh(x)	双曲线反正切函数
coth(x)	双曲线余切函数	acoth(x)	双曲线反余切函数
sech(x)	双曲线正割函数	asech(x)	双曲线反正割函数
csch(x)	双曲线余割函数	acsch(x)	双曲线反余割函数

例 5.5.1　设计程序，绘制出双曲线正弦函数 sinh$x$ 的函数图形。

在命令窗口中输入：

```
%绘制双曲线正弦函数图(Hyperbolic sine)
>> clear
>> x=-4*pi:0.01:4*pi;
>> y=sinh(x);
>> plot(y);
```

在命令窗口中显示绘图结果，如图 5-17 所示。

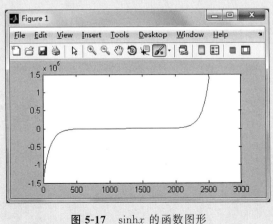

图 5-17　sinh$x$ 的函数图形

例 5.5.2　在一幅图上绘制出 sinh$x$、cosh$x$ 函数的图形，并进行对比。

在命令窗口中输入：

```
%在一幅图上绘制 sinhx、coshx 的图形
>> clear;
>> x=-2*pi:0.01:2*pi;
>> y1=sinh(x);
>> plot(y1,'r');
>> hold on;
>> y2=cosh(x);
>> plot(y2);
```

在命令窗口中显示绘图结果，如图 5-18 所示。

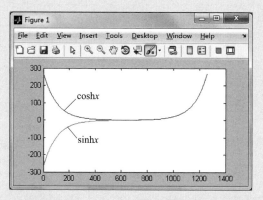

图 5-18　sinh$x$、cosh$x$ 函数的图形

例 5.5.3　在一幅图中绘制出 sinh$x$、cosh$x$、tanh$x$ 函数的图形。

在命令窗口中输入：

```
>> clear;
>> fplot('[sinh(x),cosh(x),tanh(x)]',[-pi,pi,-2*pi,2*pi]);
```

在命令窗口中显示绘图结果，如图 5-19 所示。

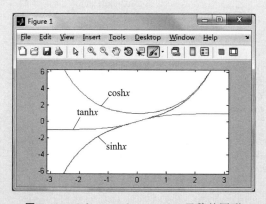

图 5-19　sinh$x$、cosh$x$、tanh$x$ 函数的图形

这里我们先列举这三种函数图形，其余的函数图形大家可以自己编写，基本的代码形式是一样的。

5.6　数值处理函数

在基本的数学运算中，最常用的数值处理函数如表 5-4 所示。

表 5-4　常用的数值处理函数和说明

函数	说明
fix(x)	取小于 x 的最大整数
ceil(x)	取大于 x 的最小整数
gcd(x,y)	取整数 x、y 的最大公因数
lcm(x,y)	取整数 x、y 的最小公倍数
rem(x,y)	取整数 x 除以 y 的余数
round(x)	将 x 的每个元素四舍五入到小于或等于该元素的最接近整数，x 为矩阵
floor(x)	四舍五入后对负数则取下一位数的整数值
real(x)	取复数的实部

例 5.6.1　对 $x=[2.23,-4.56,-4.5i+3,7.6i,6.12,7.4,-8.8]$分别求小于 x 的最大整数和大于 x 的最小整数。

在命令窗口中输入：
```
>> clear;
>> x=[2.23,-4.56,-4.5i+3,7.6i,6.12,7.4,-8.8];
>> fix(x)          %小于 x 的最大整数
>> ceil(x)         %大于 x 的最小整数
```

在命令窗口中显示：
```
ans =
    2.0000    -5.0000    3.0000 - 5.000i   0 + 7.0000i    6.0000
    7.0000    -9.0000

ans =
    3.0000    -4.0000    3.0000 - 4.0000i      0 + 8.0000i
    7.0000         8.0000         -8.0000
```

例 5.6.2　$x=[2.23,-4.56,-4.5i+3,7.6i,6.12,7.4,-8.8]$分别求：
① 四舍五入的值；
② 四舍五入后如为负数则取下一位整数；
③ 取实数值。

在命令窗口中输入：

```
>> clear;
>> x=[2.23,-4.56,-4.5i+3,7.6i,6.12,7.4,-8.8];
>> y1=round(x)
>> y2=floor(x)
>> y3=real(x)
```

在命令窗口中显示：

```
y1 =
    2.0000    -5.0000    3.0000 - 5.0000i    0+8.0000i    6.0000
    7.0000    -9.0000
y2 =
    2.0000    -5.0000    3.0000-5.0000i    0+7.0000i    6.0000
    7.0000    -9.0000
y3 =
    2.2300    -4.5600    3.0000    0    6.1200    7.4000    -8.8000
```

5.7 复变函数

MATLAB 处理复变函数的方法很直接，也很简单。这里我们介绍一些处理复数的函数及相应的范例。设 $z=a+bi$，其中 a、b 为实数，表 5-5 为 MATLAB 中处理复数的函数及其说明。

表 5-5 处理复数的函数和说明

函数	说明
abs(z)	取复数平面中的绝对值大小
angle(z)	取复数平面中的相位角
imag(z)	取 z 的虚数部分
conj(z)	取 z 的共轭复数

例 5.7.1 设 $z=1+3^{1/2}i$，编写程序，求：

① z 在复数平面中的绝对值大小；

② z 在复数平面中的相位角；

③ z 的实数部分；

④ z 的虚数部分；

⑤ z 的共轭复数。

在命令窗口中输入：

```
>> clear;
>> z=1+3^(1/2)i;
>> y1=abs(z)
```

```
≫ y2＝angle(z)＊180/pi
≫ y3＝real(z)
≫ y4＝imag(z)
≫ y5＝conj(z)
```

在命令窗口中显示：

```
y1 =
    2.0000
y2 =
    60.0000
y3 =
    1
y4 =
    1.7321
y5 =
    1.0000 － 1.7321i
```

z 的精度为 1.0472，转换为角度为 60.0000。

5.8　坐标轴转换

（1）平面坐标转换

① cart2pol：将直角坐标转换为极坐标。

② pol2cart：将极坐标转换为直角坐标。

（2）立体坐标转换

① cart2sph：将直角坐标转换为球坐标。

② sph2cart：将球坐标转换为直角坐标。

例 5.8.1　设计一程序，将直角坐标 $p(3,4)$ 转换成极坐标形式。

在命令窗口中输入：

```
≫ [a,rad]＝cart2pol(3,4);
≫ angle＝a.＊180/pi;        ％将弧度转换成角度
≫ rad                      ％与原点的距离
```

在命令窗口中显示：

```
angle =
        53.1301


rad =
    5
```

例 5.8.2　设计一程序，将立体坐标系 $p(1,3^{1/2},2)$ 转换成球坐标系。

在命令窗口中输入：

```
>> [a,b,rad]=cart2sph(1,3^(1/2),2);
>> angle=a. * 180/pi        %将弧度转换成角度
>> beta=b. * 180/pi         %将弧度转换成角度
>> rad                      %球半径
```

在命令窗口中显示：

```
angle =
   60.0000
beta =
   45.0000
rad =
   2.8284
```

5.9　特殊函数

在 MATLAB 中除了基本常用的函数之外还有许多的特殊函数，这些特殊的函数的范围相当广泛，对于各行各业的人来说，他们研究的领域不同，所需要的函数也不同。如表 5-6 所示，这里对经常用于数字信号处理的函数做一些详细的介绍。

表 5-6　特殊函数和说明

函数	说明
square	方波
swatooth	锯齿波
sinc	sinc 函数
diric	dirichiet 函数
rectpuls	非周期方波
tripuls	非周期三角波
pulstran	脉冲序列
chirp	调频余弦波
fft	计算快速离散傅里叶变换
fftshift	调整 fft 函数的输出序列,将零频位置移到频谱中心
ifft	计算快速离散傅里叶反变换
conv	求卷积
impz	数字滤波器的冲击响应
zplane	离散系统的零极点图
filter	直接Ⅱ型滤波器

（1）square 函数

square 函数的调用方式如下：

```
x＝A＊square(t);          ％产生周期为 2π,幅度最大值为±A 的方波
x＝A＊square(t,duty);     ％产生周期为 2π,幅度最大值为±A 的方波,duty 为占空比
```

例 5.9.1　利用 square 函数产生周期为 2π，占空比分别为 50% 和 30% 的方波。

在命令窗口中输入：

```
≫ t＝0:0.001:8＊pi;
≫ y1＝(1/2)＊square(t);
≫ y2＝(1/2)＊square(t,30);
≫ subplot(1,2,1);plot(t,y1);
≫ subplot(1,2,2);plot(t,y2);
```

在命令窗口中显示绘图结果，如图 5-20 所示。

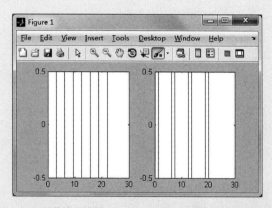

图 5-20　square 函数产生周期为 2π，占空比分别为 50% 和 30% 的方波

　　当存储 M 文件，并设置 M 文件名时，不能完全是数字，或者在字母与数字之间加 "－" 等，如果这样的话，在点击 M 文件中的 "Debug" → "Run＋文件名" 时，无论点击 "Change folder" 或者 "Add the path" 都不能得出函数的图像，这时可修改文件名，在运行时便可得出所需的图像。

（2）sawtooth 函数

sawtooth 函数的调用方式如下：

```
x＝A＊sawtooth(t);          ％ 产生周期为 2π,幅度最大值为±A 的锯齿波
x＝A＊sawtooth(t,width);    ％参数 width 表示一个周期内最大值的位置,是该位置横坐标和
                             周期的比值。该函数根据 width 的不同产生不同形状的三角波
```

例 5.9.2　利用 sawtooth(t) 函数产生锯齿波和三角波。

在命令窗口中输入：

```
≫ t＝0:0.001:8＊pi;
≫ y1＝(1/2)＊sawtooth(t);
```

```
≫ y2=(1/2) * sawtooth(t,0.5);
≫ subplot(2,1,1);plot(t,y1);
≫ subplot(2,1,2);plot(t,y2);
```

在命令窗口中显示绘图结果，如图 5-21 所示。

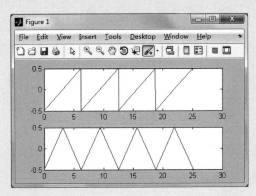

图 5-21   sawtooth(t) 函数产生锯齿波和三角波

当出现 "Undefined function '函数名' for input arguments of type 'double'." 时，说明 MATLAB 中不存在这种函数，这种函数需要自己定义，有可能写错了函数名。

（3）sinc 函数

sinc 函数的调用方式如下：

```
x=A * sinc(t);    %产生 sinc 函数波形
```

例 5.9.3   绘制 sinc 函数波形图。

在命令窗口中输入：

```
≫ t=-8 * pi:0.001:8 * pi;
≫ y=(1/2) * sinc(t);
≫ plot(t,y);
```

在命令窗口中显示绘图结果，如图 5-22 所示。

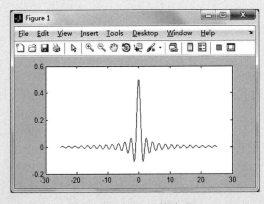

图 5-22   sinc 函数波形

（4）diric 函数

diric 函数的调用方式如下：

```
x=A*diric(t,n);    %当 n 为奇数时,函数周期为 2π;当 n 为偶数时,函数周期为 4π。n=1 时,
                     既不为奇数也不为偶数
```

例 5.9.4　当 n 值取不同值时，绘制 diric 产生的函数图形。

在命令窗口中输入：

```
≫ t=0:0.001:8*pi;
≫ y1=(1/2)*diric(t,1);
≫ y2=(1/2)*diric(t,2);
≫ y3=(1/2)*diric(t,3);
≫ subplot(3,1,1);plot(t,y1);
≫ subplot(3,1,2);plot(t,y2);
≫ subplot(3,1,3);plot(t,y3);
```

在命令窗口中显示绘图结果，如图 5-23 所示。

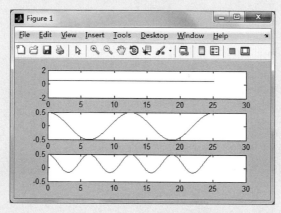

图 5-23　diric 产生的函数图形

（5）rectpuls 函数

rectpuls 函数的调用方式如下：

```
x=A*rectpuls(t);     %产生非周期、高度为 A 的矩形波。方波的中心在 t=0 处
x=A*rectpuls(t,w);   %产生非周期、高度为 A、宽度为 w 的矩形波
```

例 5.9.5　利用 rectpuls 函数产生长度为 16π、宽度为 18 的非周期矩形波。

在命令窗口中输入：

```
≫ t=-8*pi:0.001:8*pi;
≫ y=(1/2)*rectpuls(t,18);
≫ plot(t,y);
```

在命令窗口中显示绘图结果，如图 5-24 所示。

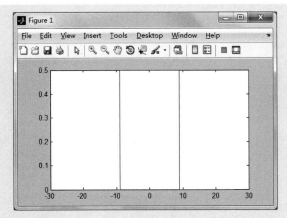

图 5-24　rectpuls 函数产生的非周期矩形波

（6）tripuls 函数

tripuls 函数的调用方式如下：

```
x＝A＊tripuls(t);            %产生非周期、单位高度的三角波,三角波的中心位置在 t＝0 处
x＝A＊tripuls(t,width);      %产生宽度为 width 的三角波
x＝A＊tripuls(t,width,s);    %产生倾斜度为 s 的三角波
```

例 5.9.6　利用 tripuls 函数产生长度为 8π、宽度为 10、倾斜度分别为 0 和 0.8 的非周期三角波。

在命令窗口中输入：

```
≫ t＝－4＊pi:0.001:4＊pi;
≫ y1＝(1/2)＊tripuls(t,10);
≫ y2＝(1/2)＊tripuls(t,10,0.8);
≫ subplot(2,1,1);plot(t,y1);
≫ subplot(2,1,2);plot(t,y2);
```

在命令窗口中显示绘图结果，如图 5-25 所示。

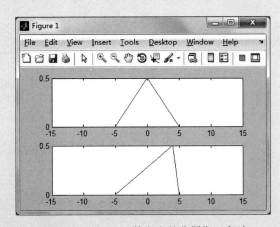

图 5-25　tripuls 函数产生的非周期三角波

（7）pulstran 函数

pulstran 函数的调用方式如下：

x＝A * pulstran(t,d,'func');	％其中,参数 func 可用各种函数表示,如 tripuls、rectpuls 等。函数产生以 d 为采样间隔的 func 指定形状的冲击波
x＝A * pulstran(t,d,'func',p1,p2);	％将 p1、p2 传递给指定的 func 函数
x＝A * pulstran(t,d ,p,fs);	％向量 p 表示原始序列,fs 为采样频率。对原始序列多次延迟相加得出的输出序列

例 5.9.7 设计程序，利用 pulstran 函数产生三角波冲击串和非周期矩形波。

在命令窗口中输入：

```
>> t=0:0.001:1
>> d=0:1/3:1;
>> y1=(1/2) * pulstran(t,d,'tripuls');
>> y2=(1/2) * pulstran(t,d,'rectpuls');
>> subplot(2,1,1);plot(t,y1);
>> subplot(2,1,2);plot(t,y2);
```

在命令窗口中显示绘图结果，如图 5-26 所示。

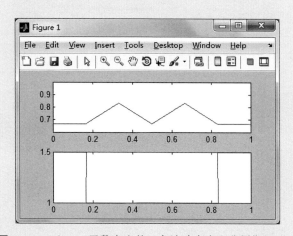

图 5-26 pulstran 函数产生的三角波冲击串和非周期矩形波

（8）chirp 函数

chirp 函数的调用方式如下：

x＝chirp (t,f0 ,t1,f1);	％产生线性调频余弦信号。f0 和 f1 分别为 t 和 t1 对应的频率
x＝chirp (t,f0 ,t1,f1,method);	％method 表示不同的扫描方式,可取 linear、quadratic、logarithmic 三种方式

例 5.9.8 设计程序，利用 chirp 函数产生二次扫描信号并绘制出时域波形和时频图。

在命令窗口中输入：

```
≫ t=0:0.001:1;
≫ t1=1;
≫ f0=20;
≫ f1=80;
≫ y=chirp(t,f0,t1,f1,'quadratic');
≫ subplot(2,1,1);plot(t,y);
≫ subplot(2,1,2);
≫ specgram(y,128,1e3,128,120);
```

在命令窗口中显示绘图结果，如图 5-27 所示。

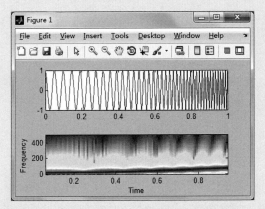

图 5-27 chirp 函数产生的二次扫描信号时域波形和时频图

（9）fft 函数

fft 函数的调用方式如下：

```
y=fft(x);                %计算 x 的快速傅里叶变换。当 x 为 2 的幂时，用基 2
                         算法，否则用分裂算法
y=fft(x,n);              %计算 n 点的傅里叶变换，当 length(x)＞n 时，以 n 为
                         长度截断 x；当 length(x)＜n 时，为 x 补上尾零以达到
                         长度 n
```

例 5.9.9   设计程序，一个正弦信号其频率为 50Hz，利用 fft 函数计算并绘制出幅度谱。

在命令窗口中输入：

```
≫ fs=1000;
≫ t=0:1/fs:1;
≫ y=sin(2*pi*50*t);
≫ specty=abs(fft(y));
≫ f=(0:length(specty)-1)*fs/length(specty);
≫ plot(f,specty);
```

在命令窗口中显示绘图结果，如图 5-28 所示。

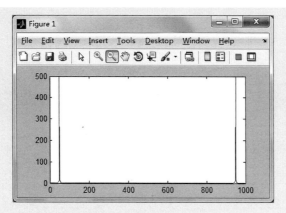

图 5-28　fft 函数绘制的幅度谱

（10）fftshift 函数

fftshift 函数的调用方式如下：

```
y=fftshift(x)   %如果 x 为向量时,fftshift(x)直接将 x 的左右两部分对换;如果 x 为矩阵,
                则将 x 的四个象限对角对换
```

例 5.9.10　设计程序，产生一个正弦信号，频率为 50Hz，采样率为 1000Hz，利用 fft-shift 函数将其零频点搬到频谱中心。

在命令窗口中输入：

```
≫ fs=1000;
≫ t=0:1/fs:1;
≫ x=sin(2*pi*50*t);
≫ y=fft(x);
≫ z=fftshift(y);
≫ subplot(2,1,1);plot(abs(y));
≫ subplot(2,1,2);plot(abs(z));
```

在命令窗口中显示绘图结果，如图 5-29 所示。

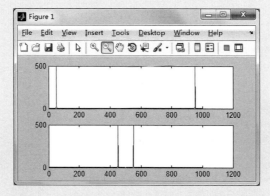

图 5-29　利用 fftshift 函数将其零频点搬到频谱中心

（11）ifft 函数

ifft 函数的调用方式如下：

```
y＝ifft(x);                    %计算 x 的傅里叶反变换
y＝ifft(x,n);                  %计算 n 点的傅里叶反变换,当 length(x)＞n 时,以 n
                                为长度截短 x;当 length(x)＜n 时,为 x 补上尾零以达
                                到长度 n
```

例 5.9.11　绘制出方波信号的傅里叶反变换。

在命令窗口中输入：

```
≫ x＝[1 1 1 1 1 0 0 0 0 0];
≫ y＝ifft(x,128);
≫ z＝fftshift(y);
≫ subplot(3,1,1);plot(x);
≫ subplot(3,1,2);plot(abs(y));
≫ subplot(3,1,3);plot(abs(z));
```

在命令窗口中显示绘图结果，如图 5-30 所示。

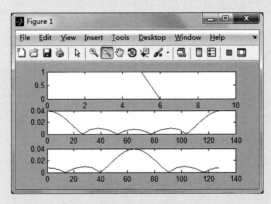

图 5-30　方波信号的傅里叶反变换

（12）conv 函数

conv 函数的调用方式如下：

```
y＝conv(a,b);      %计算 a、b 的卷积
```

例 5.9.12　利用 conv 函数求两个向量的卷积。

在命令窗口中输入：

```
≫ a＝[2 5 8];
≫ b＝[1 1 1 0 0 0];
≫ conv(a,b)
```

在命令窗口中显示：

```
ans ＝

    2    7    15    13    8    0    0    0
```

（13）impz 函数

impz 函数的调用方式如下：

```
[h,t]=impz(b,a);                    %b、a 分别为系统传递函数的分子分母的系数向量,求
                                       出系统的冲击响应 h(t)
```

例 5.9.13　设计程序，计算线性系统的冲激响应。

在命令窗口中输入：

```
≫ a=[0.2,0.1,0.3,0.1,0.15];
≫ b=[1,-1,1.4,-0.6,0.3];
≫ impz(a,b,50)
```

在命令窗口中显示绘图结果，如图 5-31 所示。

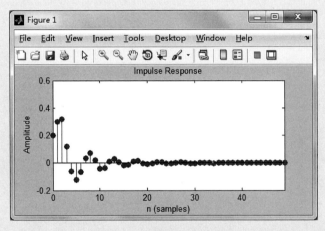

图 5-31　线性系统的冲激响应

（14）zplane 函数

zplane 函数的调用方式如下：

```
zplane(b,a);                        % b、a 分别为系统传递函数的分子、分母的系数向量,
                                       绘制零点极点图
```

例 5.9.14　设计程序，计算线性系统（a，b）的零点、极点。

在命令窗口中输入：

```
≫ a=[0.2,0.1,0.3,0.1,0.15];
≫ b=[1,-1,1.4,-0.6,0.3];
≫ zplane(a,b);
≫ legend('零点','极点');
```

在命令窗口中显示绘图结果，如图 5-32 所示。

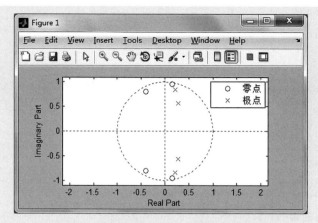

图 5-32　线性系统（a，b）的零点、极点

（15）abs 函数

abs 函数的调用方式如下：

```
y＝abs(x);                              ％求 x 向量的幅度值向量 y
```

例 5.9.15　设计程序，绘制一个余弦信号的傅里叶变换的幅度谱。

在命令窗口中输入：

```
≫ t＝0:1/99:1;
≫ x＝cos(2 * pi * 80 * t);
≫ y＝fft(x);
≫ plot(abs(y))
```

在命令窗口中显示绘图结果，如图 5-33 所示。

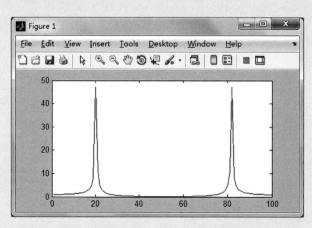

图 5-33　余弦信号的傅里叶变换幅度谱

（16）angle 函数

angle 函数的调用方式如下：

```
y=angle(x);                              %求向量 x 的相位向量 y
```

例 5.9.16 设计程序，绘制方波信号的正弦相频特性。

在命令窗口中输入：

```
≫ clear;
≫ x=[0 0 0 1 1 1];
≫ y=fft(x,128);
≫ z=unwrap(angle(y));
≫ plot(z);
```

在命令窗口中显示绘图结果，如图 5-34 所示。

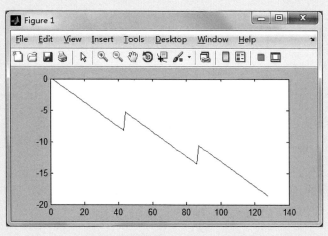

图 5-34 方波信号的正弦相频特性

(17) filter 函数

filter 函数的调用方式如下：

```
y=filter(b,a,x);          %b、a 分别为系统传输函数的分子、分母系数向量，求输
                            入信号 x 经过滤波器系统后的输出信号
[y,zf]= filter(b,a,x);    %求最终的状态向量
[  ]= filter(b,a,x,z);    %设定滤波器的初始条件 z
```

例 5.9.17 计算低通滤波器的冲激响应。

在命令窗口中输入：

```
%计算低通滤波器的冲激响应
≫ clear;
≫ x=[1,1,zeros(1,100)];   %产生 x=[1 1 0 0 0…]的一维矩阵
≫ [b,a]=cheby1(11,1,.4);
≫ y=filter(b,a,x);
≫ impz(y);
```

在命令窗口中显示绘图结果，如图 5-35 所示。

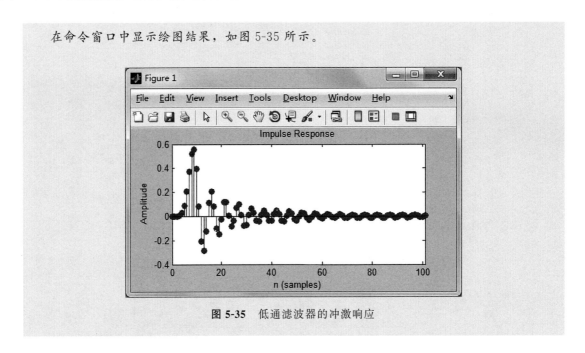

图 5-35   低通滤波器的冲激响应

5.10   函数的定义

MATLAB 中提供了丰富的数学函数，其实这些函数是经由在文件中定义而产生的。本节介绍基本的数学函数是如何定义的。

例 5.10.1   计程序，定义一个求 x 绝对值的函数。

在命令窗口中输入：

```
>> function y=fabs(x)      %求绝对值
>> if x>=0
 y=x;
>> else
 y=-x;
>> end
```

关于函数的定义一定要在 M 文件中定义，如果我们直接在命令窗口中输入上面的代码，会出现这样的错误："Error：Function definitions are not permitted in this context"。这是提示我们函数的定义不允许直接写在命令窗口。首先我们可以新建一个 M 文件，将上面的代码写下，然后保存。注意：保存文件的时候，文件名一定要与函数名相同。即用"fabs"命名保存的文件名。这样，"fabs(x)"与数学函数 sin(x) 的功能一样。

例 5.10.2   定义一个函数，求出一个矩阵的最大值并找出最大值的位置标号。

在命令窗口中输入：

```
>> a=[2,3,4;3,5,8];
>> b=max(a)          %b同样为一个一维矩阵
>> c=max(b)
>> [i,j]=find(c==a)%找出最大值的标号
```

在命令窗口中显示：

```
b =
    3    5    8
c =
    8
i =
    2
j =
    3
```

这个例子中用到了 max 函数和 find 函数。max 函数的作用是求出多维矩阵中每一列的最大值，而对于一维矩阵则求出一行的最大值。find 函数的作用从例子中也可以看出。

例 5.10.3　将上面例子的功能直接用一个函数定义出来，即求矩阵的最大值和最大值的标号。

在命令窗口中输入：

```
>> %求矩阵的最大值m以及最大值的标号(i,j)
>> function [m,i,j]=abc(A);     %A为矩阵
>> b=max(A);
>> m=max(b)
>> [i,j]=find(m==A)            %找出最大值的标号
```

在命令窗口中显示：
直接输入 x=[6, 3, 8; 2, 4, 9]; abc(x) 得出的结果为：

```
    m =
        9
    i =
        2
    j =
        3
```

A 表示的是一个矩阵变量，不能输入一个常量，否则函数的定义就没有意义了。

5.11　数学函数的图形

MATLAB 在绘制函数图形上提供了相当多的指令，用以绘制各种常数、变数、双变数的函数图形，这些将在后面做详细介绍。在本节中，介绍几个较为基本的指令，并提供例题解说。

fplot 指令：绘制指定函数式的图形。

语法：

A. fplot('func',[a,b])

B. fplot('func',[a1,a2,b1,b2])

说明：

① 语法 A 是用以绘制函数 func 在区间 [a,b] 的图形。

② 语法 B 是用以绘制函数 func 在 x 轴 [a1,a2] 和 y 轴 [b1,b2] 的图形。

例 5.11.1　设计程序，绘制 x^2 在 [−33,13] 的特性曲线图。

在命令窗口中输入：

```
≫ clear;
≫ fplot('x.^2',[−33,13]);
```

在命令窗口中显示绘图结果，如图 5-36 所示。

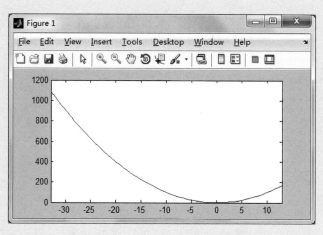

图 5-36　x^2 在 [−33,13] 的特性曲线图

例 5.11.2　设计一个可以调频的波形，使时间与频率成反比的余弦波。

在命令窗口中输入：

```
≫ clear;
≫ fplot('cos(x.^−1)',[0.01,0.1],1e−4);
```

在命令窗口中显示绘图结果，如图 5-37 所示。

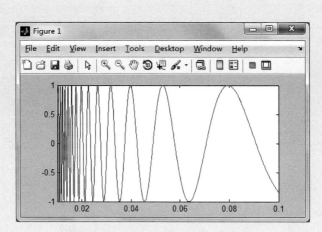

图 5-37　时间与频率成反比的余弦波

对于格式 fplot（'func'，[a,b]，1e−4），后面的"1e−4"用在 fplot 指令中，可以有一个误差容忍度的要求，在调用"fplot"时，其采用的初值为"2e−3"，必须是小于 1 的数，其精确度在 0.2％的范围内。

 习题

1. 已知 $x=128$，请设计程序计算下列各题的 y 值，并绘出曲线图。

① $y=\mathrm{e}^x$

② $y=\log x$

③ $y=\log(x\mathrm{e}^x)$

④ $y=1/\mathrm{e}^x$

⑤ $y=1/\log x$

⑥ $y=\log 10(x)$

⑦ $y=\log 2(x)$

2. 请思考下列程序，分析每一条语句，说明原因。

```
clear;
x=−10:0.01:10;
plot(log(x));
```

3. 请思考下列程序，分析每一条语句，说明原因。

```
clear;
x=−10:0.01:10;
plot(exp(x));
```

4. 请思考下列程序，分析每一条语句，说明原因。

```
clear;
```

```
x=0:0.01:10;
y=sin(x).*exp(-x/10);
plot(y);
```

5. 请思考下列程序，分析每一条语句，说明原因。

```
clear;
x=0:0.01:50;
y=sin(x).*log(-x/10);
plot(y);
```

6. 请自行设计一个求 x^3 的函数 $s3$，并调用此函数求 $y=x^3+x^2+x$ 的曲线图。

7. 算矩阵 $x=[-6,-5,12,0.3]$ 的 abs、sign、sqrt 值。

8. 在同一幅图中绘制出 t 在 $1\sim100$ 之间，$\log[\log2(x)]$、$\log10(\log x)$、$\log2[\log10(x)]$ 三幅图形。

9. 绘制出 $y=x\sin(x^2)$ 的图形，x 的取值范围为 $0\sim10$。

10. 同时绘制出 $\tan x$、$\cot x$ 的函数图形。

11. 同时绘制出 $\text{atan}x$、$\text{acot}x$、$\text{asec}x$、$\text{acsc}x$ 的函数图形。

12. 用 MATLAB 来验证基本的三角函数运算公式：$\sin(x+y)=\sin x\cos y+\cos x\sin y$。

13. 将正弦函数和余弦函数与 x 轴包围的区域填满，用不同的颜色填充。

14. 绘制出 $y=\sin(\cos x)e^{x/10}$ 的针状图。

15. 求出能被 100 整除的数。

16. 设 $z=a+\mathrm{i}b$，已知 a、b 为矩阵，设计程序求：

① z 在复数平面中的绝对值大小；

② z 在复数平面中的相位角；

③ z 的实数部分；

④ z 的虚数部分；

⑤ z 的共轭复数。

17. 用 aquare 函数产生一个周期为 4、峰值为 2、占空比为 35% 的方波信号。

18. 绘制出 $y=\sin(2\pi f_1)+\cos(2\pi f_2)$ 的傅里叶幅度谱和相位谱。其中 $f_1=20\text{Hz}$，$f_2=80\text{Hz}$。

19. 一个线性系统的单位冲激响应为 $h=[1,1,0,2]$，绘制出一个频率为 50Hz 的余弦波通过该线性系统后的幅度谱和相位谱。

习题参考答案

MATLAB

第6章

函数的绘图

我们知道，表达数学函数的一个重要方法就是图像法。将一个函数表达式用图像的方法表示出来显得更加直观、形象生动，从图像上我们可以轻而易举地判断函数的连续性、单调性，可以很容易地找到函数的零点和极点，因此，作出函数的图像是很重要的。而 MATLAB 拥有非常强大的函数绘图功能，给工程技术人员带来了极大的方便，这是别的高级编程语言望尘莫及的。

本章将首先介绍 MATLAB 中常用的绘图指令，对其的语法和用法加以说明，之后将通过大量的例子来加深对这些指令的理解。

6.1 绘图指令语法和说明

（1）plot：绘制线形图

用法：A. plot(x)

       B. plot(x,y)

       C. plot(x,y,'s')

       D. plot(x1,y1,'s1',x2,y2,'s2',x3,y3,'s3'…)

说明：A. plot(x) 表示以内建向量为自变量，x 向量的元素为相对应的因变量作线形图。其中，内建向量元素为 1 到 n，n 为 x 向量的元素个数。

B. plot(x,y) 表示以 x 向量的元素为自变量，y 向量的元素为因变量作图。

C. plot(x,y,'s') 在第二种表达式的基础上添加了参数 s，其两侧加上了单引号，s 的取值以及其对应的含义见表 6-1 和表 6-2。当 s 取表 6-1 中的值时，图形显示出对应的颜色；当 s 取表 6-2 中的值时，图形的标记发生变化，其中在取点形、小点形、实线、点划线、虚线时会自动用折线将分立的点连起来，而其余的只在图中对应值处画出离散的点。

表 6-1 s 的取值以及其对应的颜色

取值	助记	含义
b	blue	蓝色
c	cyan	青绿色
g	green	绿色
k	black	黑色

续表

取值	助记	含义
m	magenta	深红色
r	red	红色
w	white	白色
y	yellow	黄色

D. plot（x1，y1，'s1'，x2，y2，'s2'，x3，y3，'s3'…）表示分别以 x1 与 y1、x2 与 y2 等相对应作图。

表 6-2   *s* 的取值以及其对应的点形

取值	助记	含义
d	diamond	钻石形
h	hexagram	六角形
o	circle	圆形
p	pentagram	五角形
s	square	方形
v	triangle(down)	下三角
.	point	点形
:	dotted	小点形
—	solid	实线
—.	dashdot	点划线
— —	dashed	虚线
+	plus	加号
*	star	星号
<	triangle(left)	左三角
>	triangle(right)	右三角
˄	triangle(up)	上三角

（2）fplot：绘出指定函数的图形

语法：A. fplot('func',[a,b])

　　　B. fplot('func',[x1,x2,y1,y2])

说明：A. fplot('func',[a,b])表示画出表达式为 func 的函数图形，其自变量取值范围限制在［a b］上。

B. fplot('func',[x1,x2,y1,y2])表示画出表达式为 func 的函数图形，其自变量取值范围是［x1,x2］，因变量取值范围是［y1,y2］。

需要注意，使用 plot(x,y)时，*x* 和 *y* 都应是已经定义好的向量，且元素个数要相同，而使用 fplot('func'，［a,b］）时，只需给出函数表达式 func 和它的自变量的取值范围［a,b］即可，无需定义向量。

（3）subplot：将视窗分割成几个子视窗

语法：`subplot(p,q,a)`

说明：该语句表示将视窗分成 $p \times q$ 的形式，而 a 表示第 a 个子图，子图的排列顺序为从上到下从左到右依次排列，a 的取值为 1 到 $p \times q$。

（4）title：标记图像的标题

语法：`title('caption','s1','s1value'……)`

说明：caption 的内容即为标注在图形上的文字，s1 表示文字的不同属性，s1value 表示属性的值，这里就不再一一介绍了。

（5）xlabel：标记 x 轴

语法：`xlabel('xcaption','s1','s1value',……)`

说明：xcaption 的内容即为标注在 x 轴旁边的文字，s1 用于设置属性，s1value 为属性的值。

（6）ylabel：标记 y 轴

语法：`ylabel('ycaption','s1','s1value',……)`

说明：ycaption 的内容即为标注在 y 轴旁边的文字，s1 用于设置属性，s1value 为属性的值。

（7）gtext：用鼠标指定文字的位置

语法：`gtext('string')`

说明：使用该语句后，图像中会出现一个光标，选中某一位置点击鼠标左键，单引号里的字符将原封不动地标记于点击处。

（8）surface：画表面图形

语法：`surface(x,y,z,t)`

说明：表示把 x、y、z、t 所指定的平面加入当前坐标轴。

（9）surf：画三维彩色表面图形

语法：`surf(x,y,z,t)`

说明：表示画出由 x、y、z、t 四个矩阵所定义的彩色表面。

（10）mesh：画三维网状立体图

语法：`mesh(x,y,z,t)`

说明：x、y、z 表示三个坐标轴，t 表示颜色矩阵。

（11）line：绘制折线段

语法：A.`line(x,y)`

　　　　B.`line(x,y,z)`

说明：A.`line(x,y)`表示在二维坐标系中画折线段，向量 x 对应于折线每个顶点的横坐标，向量 y 对应于折线每个顶点的纵坐标。

B.`line(x,y,z)`表示在三维空间中画这条线段，向量 x、y、z 分别对应于顶点的三种坐标。

（12）bar：绘制直方图

语法：`bar(x,y,width)`

说明：x 是一个递增或递减的向量，y 是一个 $p \times q$ 的矩阵。

（13）stairs：绘制阶梯图

语法：stairs(x,y)

说明：以 x 向量为横坐标，y 向量为纵坐标绘制阶梯图。

（14）figure：生成新的视窗

语法：A. figure

　　　B. figure(n)

说明：A. figure 用于产生一个新的视窗，产生新视窗后，视窗将重新编号，而接下来所绘制的图形将会显示在最新的视窗里。

B. figure(n) 用于将编号为 n 的视窗调用出来，而接下来的作图都将在这个被调用的视窗中进行。

（15）refresh：更新视窗

语法：refresh(n)

说明：对编号为 n 的视窗进行更新。

（16）close：关闭视窗

语法：A. close

　　　B. close(n)

　　　C. close all

说明：A. close 表示关闭当前视窗。

B. close(n) 表示关闭编号为 n 的视窗。

C. close all 表示关闭所有视窗。

（17）hold：保持图表

语法：A. hold on

　　　B. hold off

说明：A. hold on 表示保持当前的图表，以后画的图在此基础上继续添加。

B. hold off 表示图表不进行保持。

（18）grid：网格控制

语法：A. grid on

　　　B. grid off

说明：A. grid on 表示在图表中加上网格以便于观察。

B. grid off 表示将图表中的网格去除。

（19）clf：清除所有图形或图表

语法：clf

说明：清除所有的图形或图表，并清除相关的属性和变量。

（20）patch：粘贴图形

语法：patch(x,y,c)

说明：在向量 x 和向量 y 指定的地方粘贴图形，c 表示指定的颜色。

（21）shading：设置遮光模式

语法：A. shading

　　　B. shading flat

　　　C. shading faceted

说明：A. shading 用来产生表面遮光的效果。

B. shading flat 表示以平坦的方式进行表面遮光。

C. shading faceted 表示用初值在表面进行遮光。

（22）view：改变三维图形的观察视角

语法：view(a1,a2)

说明：$a1$ 和 $a2$ 分别表示水平和垂直旋转角度。

通过上述介绍，相信读者对 MATLAB 的绘图指令有了一定的了解，初学者可能会觉得
晦涩难懂，这都是正常的。下面我们将用一些范例来加深读者对绘图指令的理解。

6.2　范例精粹

本节所引用的范例将都以 M 文件的形式给出，在命令窗口中调用 M 文件的过程省略，
直接给出运行结果。

例 6.2.1　设计程序，画出 $y = x^2$ 的函数图像，其自变量的取值范围是 $[-5,5]$。

M 文件内容如下：

```
clear
clc
x=-5:5;
y=x.^2;
plot(x,y)
```

运行结果如图 6-1 所示。

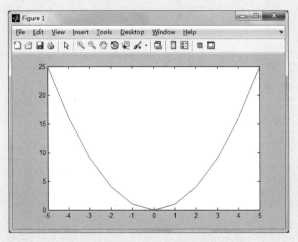

图 6-1　$y = x^2$ 在 $[-5\ 5]$ 上的函数图像

　　下面我们来解读一下这个程序。程序的第一条语句是 clear，第二条语句是 clc，在之后的例题中也都是如此，这是一个良好的习惯，希望读者养成。clear 表示清除所有变量，可以防止上一次操作留下的变量对本次试验造成影响；clc 表示清除屏幕上的所有内容，可以让本次试验的结果更加清楚地显示在命令窗口内，便于观察。

　　本题中，x 的取值为 -5 到 5 的整数，注意 y 的值的计算为 x^2，这在第 2 章运算符中已经介绍过，此为阵列的计算，由于 x 为 1×11 的向量，则 y 也是 1×11 的向量，y 的每个元素则为对应 x 值的平方。用 plot(x,y) 作图时，以 x 的值为横坐标，对应的 y 的值为纵坐标取点，即取 $(-5,25)$，$(-4,16)$，$\cdots$，$(4,16)$，$(5,25)$ 这些点，在图中标出之后，用线段将它们相连，便作出如上图形。

例 6.2.2　设计程序，画出 $y = x^2$ 的反函数的图像。

　　M 文件内容如下：

```
clear
clc
x=-5:5;
y=x.^2;
plot(y,x)
```

运行结果如图 6-2(a) 所示。

　　本题是例 6.2.1 的变体，只是将 plot(x,y) 换成了 plot(y,x)，结果全然不同。plot(y,x) 表示以 y 的值为横坐标，x 对应的值为纵坐标取点作图，由数学的知识可以知道，作出的图像是 plot(x,y) 图像的反函数。

　　由上述两个例子可以看出，图像并不是数学上所绘制的平滑曲线，这是因为我们的 x 和 y 都只取了 11 个分立的点，MATLAB 用线段将它们连接，因此图像为折线。如果将 plot(x,y) 改为 plot(x,y,'*')，则运行结果如图 6-2(b) 所示。

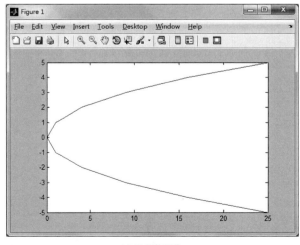

(a) 反函数图像

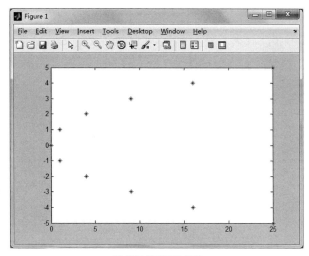

(b) 用星号表示的图像

图 6-2　$y = x^2$ 的反函数图像

从图中可以看出，结果为一些分立的星号，且 MATLAB 并不把这些点相连，此处读者需要注意。

例 6.2.3　设计程序，画出函数 $y = x^3 + 100$ 的图像，自变量的取值范围是 $[-10,10]$。

M 文件内容如下：

```
clear
clc
x=-10:0.1:10;
y=x.^3+100;
plot(x,y)
```

运行结果如图 6-3 所示。

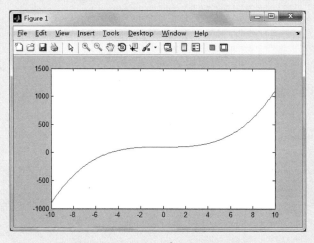

图 6-3　函数 $y = x^3 + 100$ 的图像

从数学的角度来看，这个图像显然是正确的。与前面的例子有所区别，本题中的图像是一条平滑曲线，这是由于语句 x＝−10：0.1：10 表示从−10～10 以间隔 0.1 取点，因此图中共取了 201 个点，每两点之间以线段相连。由数学中的极限思想可知，曲线上两点非常接近时，它们之间的曲线可以用线段近似，由于每条线段的长度太短，因此整体看上去图像是一条曲线。

同样需要注意，这里的阵列运算 x.^3 的运算符，如果写成 x^3 将会报出错误，读者在写程序的过程中应该不断总结，逐渐养成习惯。

例 6.2.4　设计程序，画出函数 $y＝\sin x$ 的图像，自变量的取值范围是 $[−5,5]$。

M 文件内容如下：

```
clear
clc
x=−5:0.1:5;
y=sin(x);
plot(x,y)
```

运行结果如图 6-4 所示。

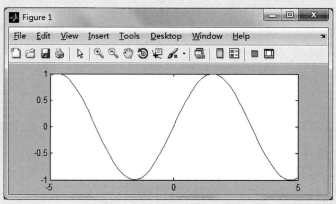

图 6-4　函数 $y＝\sin x$ 的图像

这是一条正弦曲线，从这里我们可以看出 MATLAB 的巨大优势，如果想要用别的高级编程语言绘制一条正弦曲线将会非常麻烦，而对于 MATLAB 来说只要三条语句，且可以灵活地规定取点数和自变量取值范围。

此处注意，三角函数 $\sin(x)$、$\cos(x)$、$\tan(x)$ 等对 x 进行的均是阵列运算。

例 6.2.5　用 fplot 指令画出函数 $y＝\sin x$ 的图像，自变量的取值范围是 $[−5,5]$。

M 文件内容如下：

```
clear
clc
fplot('sin(x)',[−5,5])
```

运行结果如图 6-5 所示。

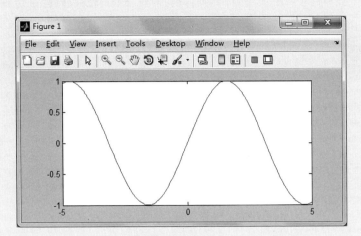

图 6-5 使用 fplot 绘制的函数 $y = \sin x$ 的图像

此例用于学习 fplot 的用法，本题中有两个参数：第一个参数写在单引号中，为函数表达式，第二个参数为自变量取值范围，两者缺一不可。从这里可以看到，fplot 画图不需要定义自变量和因变量，非常方便。

例 6.2.6 设计程序，画出函数 $y = 10^{\cos x}$ 的图像，自变量的取值范围是 $[0, 4\pi]$。

M 文件内容如下：

```
clear
clc
x=0:0.1:4*pi;
y=10.^cos(x);
plot(x,y)
```

运行结果如图 6-6 所示。

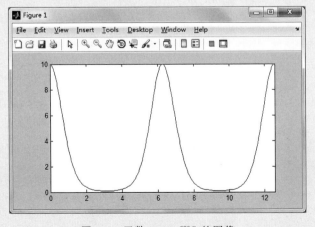

图 6-6 函数 $y = 10^{\cos x}$ 的图像

　　这是指数函数和三角函数的复合函数，比较复杂，单凭想象力很难想象，只知道它是以 2π 为周期的，但是用 MATLAB 绘图，仍然只需要三条指令就可以轻松绘出图像。

　　MATLAB 在描述函数的时候其语言几乎和我们平常写的数学语言一样，只需注意要使用阵列的运算符即可。同理，读者可以尝试画出 $y=\cos^3 x$，$y=\sin(x)^x$，$y=\cos(x)^{\sin x}$ 等复杂函数的图像。

　　例 6.2.7　用 fplot 指令画出函数 $y=10^{\cos x}$ 的图像，自变量的取值范围是 $[0,4\pi]$。

M 文件内容如下：

```
clear
clc
fplot('10^cos(x)',[0,4*pi])
```

运行结果如图 6-7 所示。

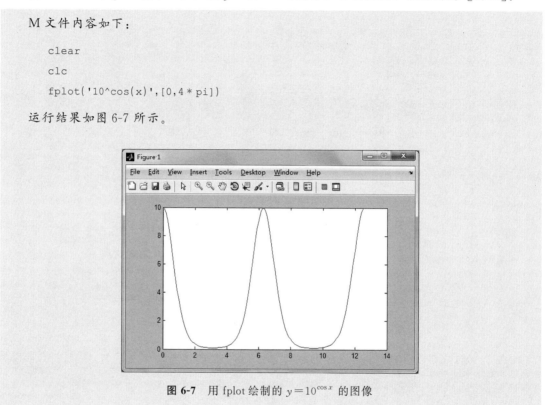

图 6-7　用 fplot 绘制的 $y=10^{\cos x}$ 的图像

　　本例仍然用 fplot 指令实现与 plot 指令相同的功能。注意，fplot 单引号内的函数表达式是 10^cos(x) 而不是 10.^cos(x)。这不是不符合阵列的运算规则吗？其实在 fplot 中，两种写法都可以的，如果不考虑阵列的运算符写法，那么表达式就与数学中的写法一模一样了，足可见 MATLAB 的人性化设计。

　　例 6.2.8　设计程序，画出函数 $y=\mathrm{e}^{\cos x}$ 的图像，自变量的取值范围是 $[0,4\pi]$。

M 文件内容如下：

```
clear
clc
x=0:0.1:4*pi;
y=exp(cos(x));
plot(x,y)
```

运行结果如图 6-8 所示。

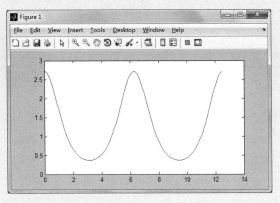

图 6-8　函数 $y = e^{\cos x}$ 的图像

这道题要画的仍然是指数函数和三角函数的复合。注意：在程序中的写法，要写作 exp 的形式，从图中可以很直观地看出函数的周期性和单调性。

例 6.2.9　使用 fplot 指令，画出函数 $y = e^{\cos x}$ 的图像，自变量的取值范围是 $[0, 4\pi]$。

M 文件内容如下：

```
clear
clc
fplot('exp(cos(x))',[0,4 * pi])
```

运行结果如图 6-9 所示。

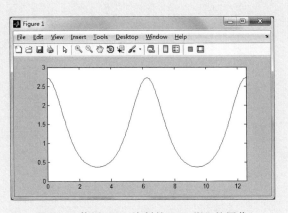

图 6-9　使用 fplot 绘制的 $y = e^{\cos x}$ 的图像

本道题仍然使用了 fplot 指令，注意点与前面例题相同，此处不加赘述。

例 6.2.10　设计程序，画出函数 $y = 0.5\sin(2x)$ 的图像，自变量的取值范围是 $[0, 4\pi]$。

M 文件内容如下：

```
clear
```

```
 clc
x＝0:0.1:4*pi;
y＝0.5*sin(2*x);
plot(x,y)
```

运行结果如图 6-10(a) 所示。

这道题需要注意的是函数在程序中的写法，$y＝0.5\sin(2x)$ 应写作 "y＝0.5 * sin(2 * x)"，要注意乘号 "*" 不能少，否则会报出错误。从图中可以看出，函数的振幅是 0.5，周期是 π，若想要更清楚地看出曲线上的点所对应的值，可以使用指令 grid on，将网格打开，如图 6-10(b) 所示。

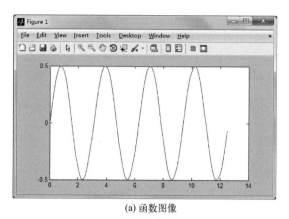

(a) 函数图像

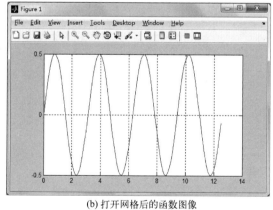

(b) 打开网格后的函数图像

图 6-10 函数 $y＝0.5\sin(2x)$ 的图像

若想把网格关闭，则输入 grid off 即可。

例 6.2.11 设计程序，画出函数 $y＝\sin x\cos x$ 的图像，自变量的取值范围是 $[0,4\pi]$。

M 文件内容如下：

```
 clear
 clc
```

```
x=0:0.1:4*pi;
y=sin(x).*cos(x);
plot(x,y)
```

运行结果如图 6-11 所示。

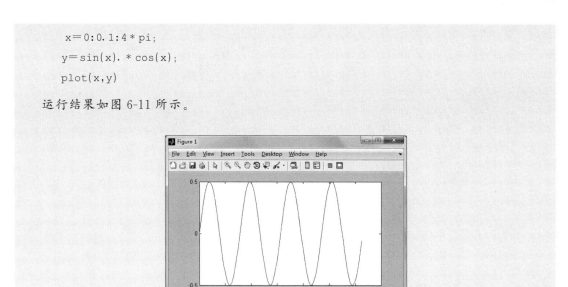

图 6-11　函数 $y=\sin x \cos x$ 的图像

由数学的知识可知，$\sin 2x = 2\sin x \cos x$，即 $0.5\sin 2x = \sin x \cos x$。通过以上两个例子，可以看出两个函数的图像相同，从而证实了这一结论。

例 6.2.12　设计程序，画出函数 $y=1/x$ 的图像，自变量的取值范围是 $[-5,5]$。

M 文件内容如下：

```
clear
clc
x=-5:0.1:5;
y=1./x;
plot(x,y)
```

运行结果如图 6-12 所示。

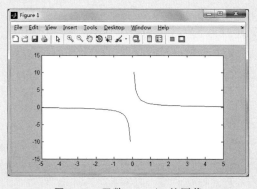

图 6-12　函数 $y=1/x$ 的图像

本道例题是画出函数 $y=1/x$ 的图像，其中会涉及 0 的倒数的问题，0 的倒数在数学上是没有意义的，如果把程序中"y＝1./x;"后面的";"去除，我们就可以看到 y 的取值，在 $x＝0$ 对应的地方，y 的取值是 Inf，在图像中，该点对应的值是无穷大，在较低版本的 MATLAB 中会提示错误信息"Warning：Divide by zero."，然而在 MATLAB R2011b 版本中则没有该提示。

例 6.2.13　设计程序，画出函数 $y＝4x^4＋3x^3＋2x^2＋x＋1$ 的图像，自变量的取值范围是 $[－10,10]$。

M 文件内容如下：

```
clear
clc
x=−10:0.1:10;
y=4*x.^4+3*x.^3+2*x.^2+x+1;
plot(x,y)
```

运行结果如图 6-13 所示。

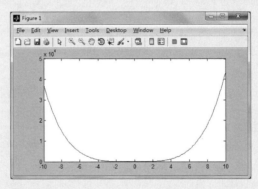

图 6-13　函数 $y＝4x^4＋3x^3＋2x^2＋x＋1$ 的图像

在图的左上角可以看到"$\times10^4$"的字样，这是由于多项式中出现了 x 的四次方项，当 x 取 10 的时候，因变量的值将达到 10^4 数量级，而横轴的取值仍然为 10^1 数量级，若横纵坐标取相同单位长度，画出的图形将会难以显示，因此 MATLAB 自动将纵坐标提取 10^4，使图像看起来更加自然美观。

例 6.2.14　设计程序，画出函数 $y＝\dfrac{1}{\sin x}$ 的图像，自变量的取值范围是 $[－10,10]$。

M 文件内容如下：

```
clear
clc
x=−10:0.1:10;
y=sin(x).^(−1);
plot(x,y)
```

运行结果如图 6-14(a) 所示。

由于 $\sin x$ 在 π 的整数倍的地方值为 0，因此 y 在 π 的整数倍的地方取值为无穷大，图中显示为一个个尖角，然而，读者会发现，这些尖角的幅度却不一样，这是怎么回事呢？原因是在 MATLAB 中我们取的都是离散的点，不再像数学中都是以连续取值的自变量为讨论内容。以 $x=\pi$ 处的取值为例，本例中在 π 两侧 x 分别取 3.1000 和 3.2000，未关于 π 对称，对应的 y 的值则分别是 24.0496 和 -17.1309，大小显然不一样；而在 2π 两侧的 x 的取值分别为 6.2000 和 6.3000，对应的 y 的值分别是 -12.0352 和 59.4746，大小又和在 $x=\pi$ 附近的取值不一样，所以图像中幅值有所差别。如果在例 6.2.14 中，将 x 的取值范围改为 $-5:0.3:5$，则由于 x 的取值不再关于原点对称，函数图像如图 6-14(b) 所示。

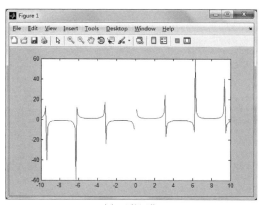

(a) 函数图像

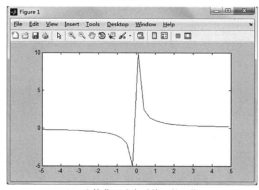

(b) x 取值范围改变后的函数图像

图 6-14 $y=\dfrac{1}{\sin x}$ 函数图像

例 6.2.15 设计程序，画出函数 $y=\tan x$ 的图像，自变量的取值范围是 $[-50,50]$。

M 文件内容如下：

```
clear
clc
x=-50:0.1:50;
y=tan(x);
plot(x,y)
```

运行结果如图 6-15 所示。

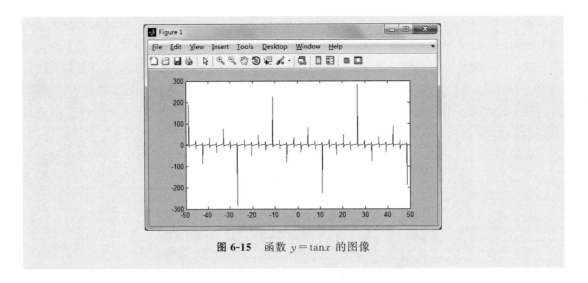

图 6-15　函数 $y=\tan x$ 的图像

由于 $\tan x=\sin x/\cos x$，因此 $\tan x$ 在 $x=\pi/2+k\pi$ 的地方没有意义，所以图中在这些点处出现了一个个尖角，而为何尖角的幅值不同？如果对上一个例题已经理解了，那么这道例题也能轻松掌握。

通过以上两个例子我们可以看出，要想学懂 MATLAB，必须了解其工作的机理。

例 6.2.16　设计程序，画出函数 $y=\mathrm{e}^{-0.5t}\cos(5t)$ 的图像，自变量的取值范围是 $[0,20]$。

M 文件内容如下：

```
clear
clc
t=0:0.1:20;
y=exp(-0.5*t).*cos(5*t);
plot(t,y)
```

运行结果如图 6-16 所示。

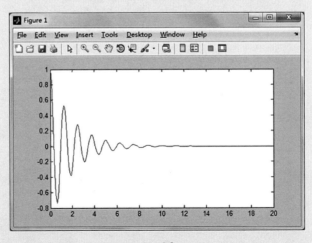

图 6-16　函数 $y=\mathrm{e}^{-0.5t}\cos(5t)$ 的图像

这个图形是一个幅值越来越小的正弦函数，这在电子学中非常常见，可以表示一个稳定系统的输出电压随时间的变化，因此程序中的自变量改为 t 来表示时间。振幅以 e 的指数次方下降，并最终趋向于 0。

例 6.2.17　设计程序，画出函数 $y=e^{-0.5t}\cos(5t)$ 的图像，并加上标注，其中自变量 t 的取值范围是 $[0,50]$，图像上显示自变量的取值范围是 $[0,10]$，显示因变量的取值范围是 $[-5,5]$。

M 文件内容如下：

```
clear
clc
t=0:0.1:50;
y=exp(-0.5*t).*cos(5*t);
plot(t,y)
axis([0,10,-5,5])
xlabel('t')
ylabel('y')
title('graph17')
```

运行结果如图 6-17 所示。

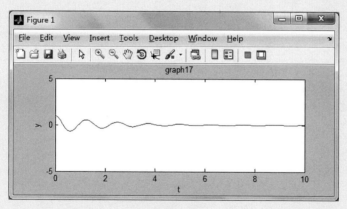

图 6-17　加上标注后的 $y=e^{-0.5t}\cos(5t)$ 的图像

这道例题中主要应关注 axis 指令的用法，它用于限制自变量和因变量的显示范围，axis 指令共有四个参数，axis([a,b,c,d])表示自变量的显示范围是 $[a,b]$，因变量的显示范围是 $[c,d]$。要注意参数的写法，外侧为小括号，内侧为中括号。

例 6.2.18　根据下列程序，探讨其运行的结果。

M 文件内容如下：

```
clear
clc
t=0:0.1:20;
```

```
y=exp(-0.5*t).*cos(5*t);
z=y;
plot3(t,y,z)
axis('equal')
```

运行结果如图 6-18 所示。

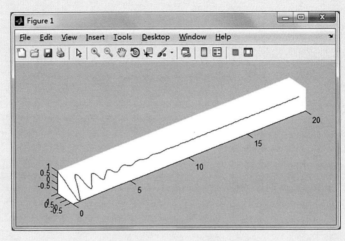

图 6-18   三维函数曲线图

此处"plot3(t,y,z)"表示在空间直角坐标系内，以 t 为 x 轴的值、y 为 y 轴对应的值、z 为 z 轴的值取点作图，而"axis('equal')"表示系统自动设定坐标轴的显示范围，以防止人为设定不当导致图形显示不佳。

例 6.2.19   在上一例题的基础上为三维图形加上标注。

M 文件内容如下：

```
clear
clc
t=0:0.1:20;
y=exp(-0.5*t).*cos(5*t);
z=y;
plot3(t,y,z)
axis('equal')
xlabel('t')
ylabel('y')
zlabel('z')
title('graph19')
```

运行结果如图 6-19 所示。

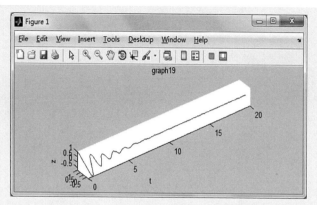

图 6-19 加上标注的三维函数曲线图

由标注的结果可以清楚地看出，x、y、z 轴对应的取值分别是变量 t、y、z。

例 6.2.20 设计程序，画出函数 $y=\ln x$ 的图像，自变量的取值范围是 $[0.01,10]$。

M 文件内容如下：

```
clear
clc
fplot('log(x)',[0.01,10])
```

运行结果如图 6-20 所示。

由于对数函数的自变量取值范围是 $(0,+\infty]$，因此这里取值 $[0.01,10]$ 以避免取到 0，因为底数是 e，所以自变量取到 10 可使图像横纵坐标看起来比较美观。

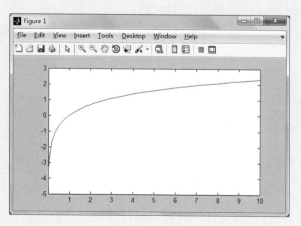

图 6-20 函数 $y=\ln x$ 的图像

例 6.2.21 设计程序，画出函数 $y=\lg x$ 的图像，自变量的取值范围是 $[0.01,1000]$。

M 文件内容如下：

```
clear
clc
```

```
fplot('log10(x)',[0.01,1000])
```

运行结果如图 6-21 所示。

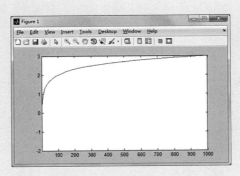

图 6-21   函数 $y = \lg x$ 的图像

本例使用 fplot 指令来画图，最重要的是选取合适的自变量范围，因为底数是 10，自变量需要取到 100，因变量的值才会变成 2，取到 1000 因变量的值才会变成 3，所以自变量取值范围应设置得较大。

以上两个例子告诉我们，为了画出漂亮的图形，我们在编程时要选取合适的取值范围。

例 6.2.22   根据下列的程序，探讨 surf 指令的用法。

M 文件内容如下：

```
clear
clc
s=[1,2,3;4,5,6;7,8,9];
surf(s)
xlabel('x')
ylabel('y')
zlabel('z')
title('graph22')
```

运行结果如图 6-22 所示。

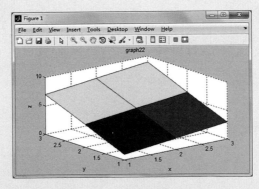

图 6-22   surf 指令的使用（一）

　　本例用于熟悉 surf 指令的用法，初看似乎难以理解，其实不然，例题中的矩阵共有 9 个元素，第一个元素对应于 $x=1$ 且 $y=1$ 的情况，其取值为 1，元素列标每增加 1，对应的点就往 x 轴的正方向移动一个单位长度，行标每增加 1，对应点的位置就往 y 轴正方向平移一个单位长度，例如元素 5 对应于 $x=2$ 且 $y=2$ 的点，元素的值即为图中点的高度，取完点之后再用线段连接，标以不同的颜色以示区分。

　　例 6.2.23 根据下列的程序，探讨 surf 指令的用法。

M 文件内容如下：

```
clear
clc
s=[1,2,3;4,3,6;7,8,9];
surf(s)
xlabel('x')
ylabel('y')
zlabel('z')
title('graph23')
```

运行结果如图 6-23 所示。

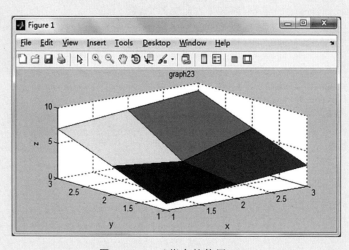

图 6-23　surf 指令的使用（二）

　　本例在例 6.2.22 的基础上将第二行第二列的元素 5 改成了 3，于是在 x=2，y=2 的地方点的高度变成了 3，看起来好像凹下去了一样。

　　例 6.2.24 根据下列的程序，探讨 surf 指令的用法。

M 文件内容如下：

```
clear
clc
```

```
s=[1,2;3,4];
surf(s)
xlabel('x')
ylabel('y')
zlabel('z')
title('graph24')
```

运行结果如图 6-24 所示。

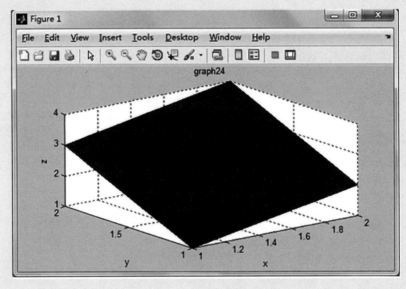

图 6-24   surf 指令的使用（三）

本例的矩阵维数从 3×3 变成了 2×2，但规则仍然和上述一样，因此画出来的只有四个点对应的图形。

例 6.2.25   根据下列的程序，探讨 surf 指令的用法。

M 文件内容如下：

```
clear
clc
s=[2,2;2,2];
surf(s)
xlabel('x')
ylabel('y')
zlabel('z')
title('graph27')
```

运行结果如图 6-25 所示。

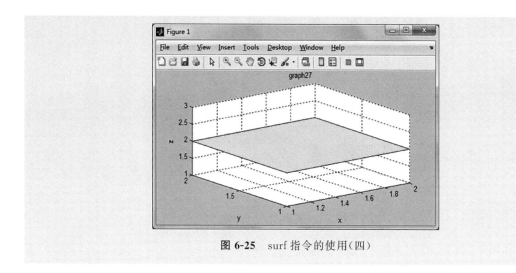

图 6-25　surf 指令的使用(四)

本例和例 6.2.24 类似，四个元素的值相同，图形应该是一个与 xoy 平面平行的四边形。读者还可以继续尝试改变矩阵元素的值以观察图形。

例 6.2.26　绘制基于自建函数的条形图，其中因变量 x 的取值范围是 $[-2, 2]$，x 的取值间隔为 0.1。

M 文件内容如下：

```
clear
clc
x=-2:0.1:2;
bar(x)
```

运行结果如图 6-26(a) 所示。

该题中，bar(x) 是基于内部自建函数的，x 的取值为 -2 到 2 以 0.1 为间隔的 41 个数，对应于图中的横坐标就是 1 到 41，每个横坐标都位于对应长条形的中线上。加上 grid on 语句后的图形如图 6-26(b) 所示。

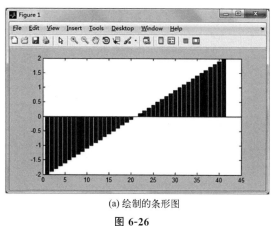

(a) 绘制的条形图

图 6-26

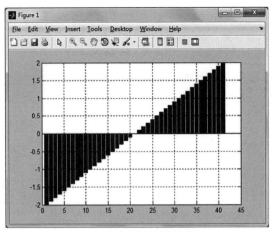

(b) 加上网格后的图形

图 6-26   绘制基于自建函数的条形图

例 6.2.27   分别用 plot 和 bar 画出函数 $y=3x^3+2x^2+x+1$ 的图像，其中 x 的取值范围是 $[-2,2]$，条形图基于自建函数，请比较线形图和条形图的差异。

M 文件内容如下：

```
clear
clc
x=-2:0.2:2;
y=3*x.^3+2*x.^2+x+1;
subplot(1,2,1)
plot(x,y)
subplot(1,2,2)
bar(y)
```

运行结果如图 6-27 所示。

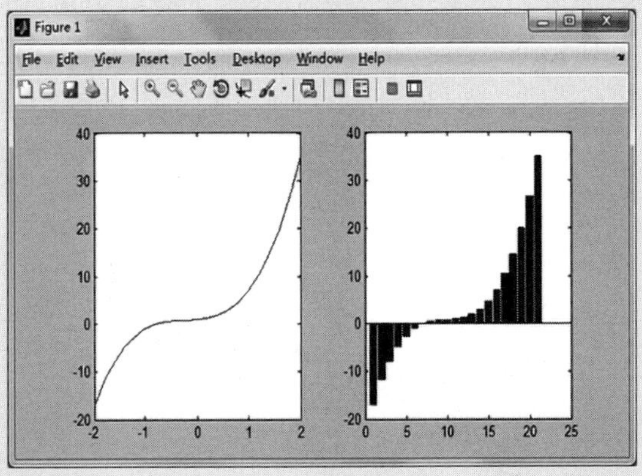

图 6-27   线形图和条形图的对比

本例将线形图和条形图进行比较，可以看出，线形图是一条平滑的曲线，而条形图是一个一个分立的阶梯，但阶梯的轮廓和线形图一样，如果取每个长条形在因变量取值处的中点，依次以线段相连，便可得到与线形图相似的曲线。

这里首次使用了 subplot 语句，subplot(a,b,n)表示把图形视窗分成 $a \times b$ 个子图，子图的编号从上到下，从左到右依次是 1 到 $a \times b$，参数 n 表示在第 n 个子图中作图。

例 6.2.28 观察下列程序，探讨 meshgrid 指令的用法。

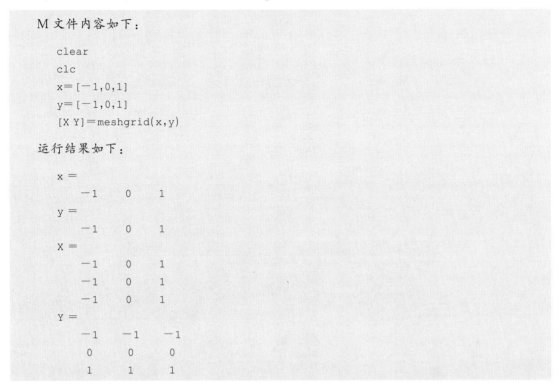

```
M 文件内容如下:
   clear
   clc
   x=[-1,0,1]
   y=[-1,0,1]
   [X Y]=meshgrid(x,y)
运行结果如下:
   x =
       -1    0    1
   y =
       -1    0    1
   X =
       -1    0    1
       -1    0    1
       -1    0    1
   Y =
       -1   -1   -1
        0    0    0
        1    1    1
```

本题用于体会 meshgrid 指令的用法，meshgrid 共有两个返回值，对应于两个矩阵 **X**、**Y**，两个矩阵的对应元素对应于空间直角坐标系中 xoy 平面上的一系列点，以此题为例，相当于在 xoy 平面上绘出直线 $x=-1$、$x=0$、$x=1$、$y=-1$、$y=0$、$y=1$，这些直线的交点即为所取的平面上的一系列点，从而构成一个平面取值网格，取点显示如图 6-28 所示。

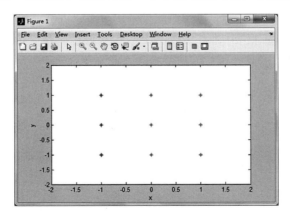

图 6-28 "plot（X，Y）"显示的取点网格

这为三维绘图做好了准备。

例 6.2.29   观察如下程序，体会 meshgrid 语句的用法，并熟悉画图指令 mesh。

M 文件内容如下：

```
clear
clc
x=0:0.1:2*pi;
y=0:0.1:2*pi;
[X,Y]=meshgrid(x,y);
Z=cos(X).*sin(Y);
mesh(X,Y,Z)
xlabel('x')
ylabel('y')
zlabel('z')
title('graph29')
```

运行结果如图 6-29 所示。

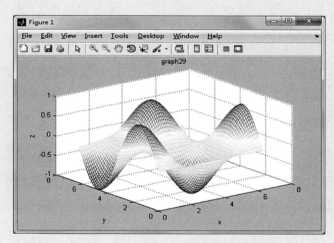

图 6-29 $z=\cos x \sin y$ 的立体特性曲线图

由上一例题可知，meshgrid 通过构造两个矩阵来形成网格，以便绘制三维曲线图，本例中，X、Y 分别是网格中格点的 x 轴坐标矩阵和 y 轴坐标矩阵，而 Z 则是三维曲线各点函数值对应的矩阵。从程序可以看出，X、Y、Z 三个矩阵维数是相同的。mesh 指令则是以 X 矩阵的元素值为 x 坐标，Y 矩阵的元素值为 y 坐标，Z 矩阵的元素值为 z 坐标取点连线作图。

例 6.2.30   观察下列程序，体会 mesh 指令的用法。

M 文件内容如下：

```
clear
```

```
clc
x=-2:0.1:2;
y=-2:0.1:2;
[X,Y]=meshgrid(x,y);
Z=sqrt(X.^2+Y.^2);
mesh(X,Y,Z)
xlabel('x')
ylabel('y')
zlabel('z')
title('graph29')
```

运行结果如图 6-30 所示。

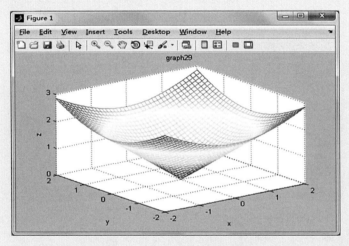

图 6-30 $z=\sqrt{x^2+y^2}$ 的立体特性曲线图

例 6.2.31 观察下列指令，体会 meshgrid 和 mesh 指令的用法。

M 文件内容如下：

```
clear
clc
x=0:0.1:3;
y=(x-1).^2;
[X,Y]=meshgrid(x);
Z=(X-1).^2;
subplot(1,2,1)
plot(x,y)
subplot(1,2,2)
mesh(Z,X)
```

运行结果如图 6-31(a) 所示。

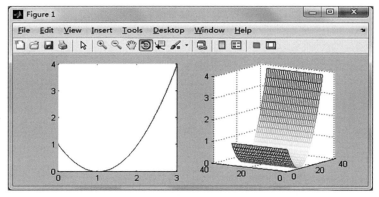

(a) $y=(x-1)^2$ 的二维和三维曲线图

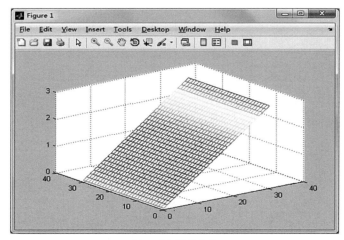

(b) mesh(X,Z)的结果

图 6-31　meshgrid 和 mesh 指令的用法

本题应注意[X,Y]＝meshgrid(x)指令和 mesh(Z,X)指令。读者可以在命令窗口中输入"help meshgrid"或者"help mesh"，窗口中会显示出两种指令的用法和解释。从中可以知道，[X,Y]＝meshgrid(x)等效于[X,Y]＝meshgrid(x,x)，那么就和上面两道例题相同了，mesh(Z,X)则表示以 Z 矩阵的元素值为 z 轴坐标，若 Z 为 $m \times n$ 的矩阵，则 x 轴坐标范围为 $1 \sim n$，y 轴坐标范围为 $1 \sim m$，X 矩阵的元素值为颜色的取值，所以这里不能想当然地写成 mesh(X,Z)，否则结果如图 6-31(b)所示。

如图 6-31(b) 所示，结果是一个斜面，这是因为此处是以 X 矩阵的取值作为 z 坐标值的，而 Z 矩阵的值仅表示颜色。

例 6.2.32　观察下列指令，体会 meshgrid 和 mesh 指令的用法，并观察 x 取值变密后图像的变化。

M 文件内容如下：

```
clear
clc
x=0:0.01:3;
```

```
[X,Y]=meshgrid(x);
Z=(X-1).^2;
mesh(Z,X)
```

运行结果如图 6-32 所示。

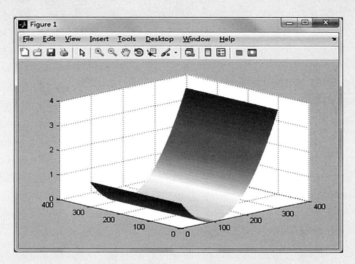

图 6-32　x 取值变密后 $y=(x-1)^2$ 的三维曲线图

本道例题和上一例题一样，只是上一例题中图像看起来是一个网状图，而本例题中是一个曲面，这是因为 **X** 和 **Y** 的取值间隔都变成了 0.01，只有原来的十分之一，图中线条更加密集，所以看起来好像是曲面。

例 6.2.33　观察下列指令，体会 meshgrid 和 mesh 指令的用法，将 plot 与 mesh 进行对比。

M 文件内容如下：

```
clear
clc
x=-2:0.1:2;
y=x.^3;
[X,Y]=meshgrid(x);
Z=X.^3;
subplot(1,2,1)
plot(x,y)
subplot(1,2,2)
mesh(Z,X)
```

运行结果如图 6-33 所示。

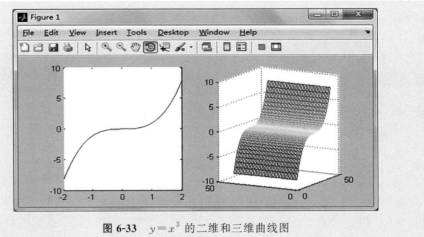

图 6-33 $y=x^3$ 的二维和三维曲线图

本题中 $\boldsymbol{Z}$ 的取值只与 $\boldsymbol{X}$ 有关，和 $\boldsymbol{Y}$ 无关，因此若 X 是 n 维向量，则图像上看起来就是把二维的曲线沿着 y 轴的正方向平移 n 个单位。

例 6.2.34 观察下列指令，体会 meshgrid 和 mesh 指令的用法。

M 文件内容如下：

```
clear
clc
x=-2:0.1:2;
[X,Y]=meshgrid(x);
z=X.^2+Y.^2;
mesh(X,Y,Z)
```

运行结果如图 6-34 所示。

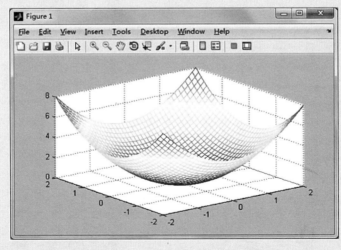

图 6-34 $z=x^2+y^2$ 的三维曲线图

此题 Z 的取值和 X、Y 都有关系，表示点到 z 轴的最短距离。

例 6.2.35　观察下列程序，学习极坐标画图 polar 指令。

M 文件内容如下：

```
clear
clc
t＝0:0.01:2 * pi;
polar(t,abs(sin(t). * cos(t)))
```

运行结果如图 6-35 所示。

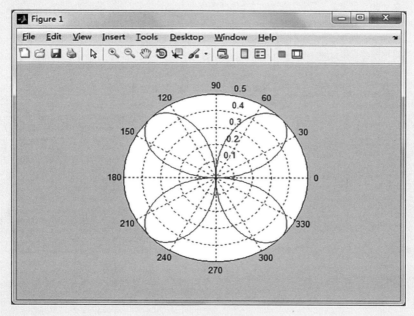

图 6-35　极坐标绘图（一）

polar(a,l)指令中，a 表示点的角度，l 表示点到原点的距离，因此程序中，点的角度 t 取值为 $[0,2\pi]$，点到原点的距离为"sin(t)cos(t)"的绝对值，以此画图，图形由四个瓣组成。不难发现，若 t 的取值从 0 到 $+\infty$，则该函数是以 2π 为周期的。

例 6.2.36　观察下列程序，学习极坐标画图 polar 指令。

M 文件内容如下：

```
clear
clc
t＝0:0.01:2 * pi;
polar(t,abs(sin(4 * t). * cos(t)))
```

运行结果如图 6-36 所示。

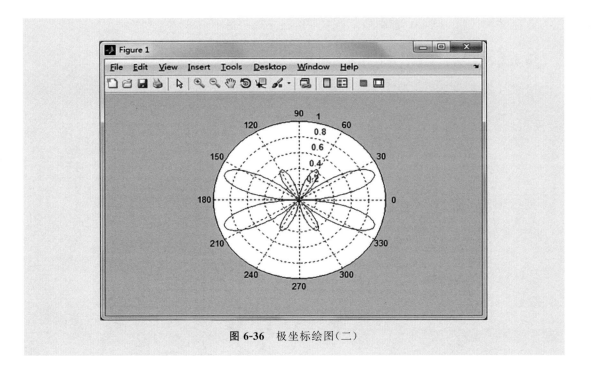

图 6-36 极坐标绘图(二)

本题只是将例 6.2.35 中的点到原点的距离改成了"sin(4t)cos(t)"的绝对值,图形出现了八个瓣,此处不加赘述。

例 6.2.37 观察下列指令和图形的变化,比较和数学中学习的区别,思考为什么。

M 文件内容如下:

```
clear
clc
t=0:0.1:4*pi;
f1=2;f2=8;f3=16;f4=30;f5=40;
y1=sin(f1*t);
y2=sin(f2*t);
y3=sin(f3*t);
y4=sin(f4*t);
y5=sin(f5*t);
plot(t,y1);figure
plot(t,y2);figure
plot(t,y3);figure
plot(t,y4);figure
plot(t,y5)
```

运行结果分别如图 6-37~图 6-41 所示。

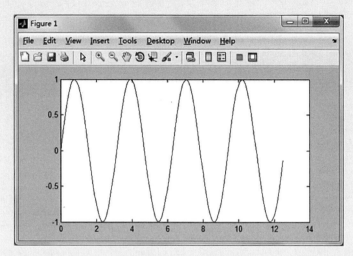

图 6-37　$f_1=2$ 的情况

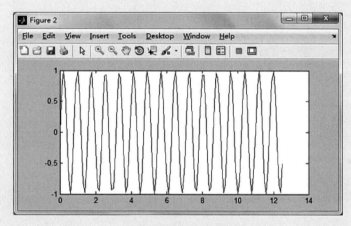

图 6-38　$f_2=8$ 的情况

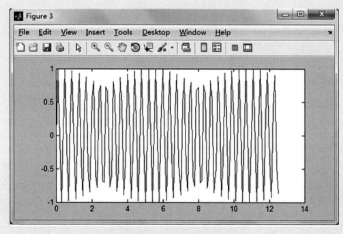

图 6-39　$f_3=16$ 的情况

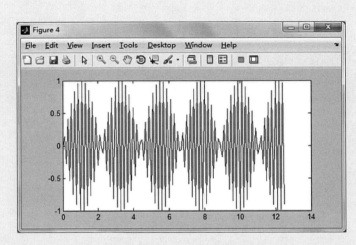

图 6-40　$f_4 = 30$ 的情况

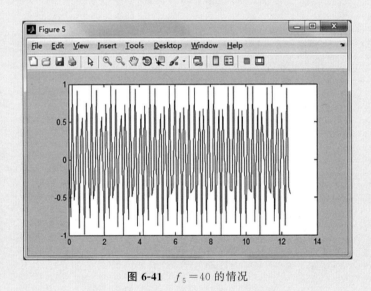

图 6-41　$f_5 = 40$ 的情况

这是一个很有趣的例子，从数学的角度来讲，我们只是改变了函数的频率，画出来的图形不应该发生振幅的变化。可是图中则不然，当频率较小的时候还符合数学规律，随着频率的增大，振幅的变化更加明显，这是怎么回事呢？究其原因，仍然是 MATLAB 的离散取点法，数学中讨论的函数自变量都是连续取值的，而 MATLAB 中点与点间还是有间隔的，所以造成了上述结果，若取点间隔越小，就越接近数学中的情况。读者可以尝试一下，将自变量 t 的取值间隔改为 0.01，观察结果。

 习题

1. 使用 plot 指令，画出函数 $y = (\sin x)^x$ 的函数图像，自变量取值范围是 $[0.01, \pi]$，取值间隔是 0.01。

2. 在一个视图窗口中同时画出两条曲线 $y=\sin x$，$y=\cos x$，其中，$y=\sin x$ 用 "＋"取点，$y=\cos x$ 用 "＊"取点，并用 gtext 指令标注对应曲线。自变量取值范围是 $[0,10]$，取值间隔为 0.1。

3. 用 plot3 指令画出 $z=\sin x+\cos y$ 的空间曲线图，x、y 取值范围都是 $[0,20]$，取值间隔都是 0.1。

4. 用 fplot 指令画出函数 $y=\tan x$ 的图像，x 的取值范围是 $[-2\pi,2\pi]$。

5. 用 fplot 指令画出双曲余弦函数 $y=\mathrm{ch}x$ 的图像，x 的取值范围是 $[-5,5]$。（双曲余弦函数 $\mathrm{ch}x=\dfrac{\mathrm{e}^x+\mathrm{e}^{-x}}{2}$）

6. 将第 5 题中的自变量显示范围设为 $[-10,10]$，因变量显示范围设为 $[-50,100]$。

7. 在第 6 题的基础上加上标注，x 轴标注为 "x"，y 轴标注为 "y"，z 轴标注为 "z"，整个图像标注为 "graph07"。

8. 将图像视图分为 1×2 的形式，在第一个图中画出函数 $y=\mathrm{e}^{-0.5t}\sin(3t)$ 的线形图，在第二个图中画出函数 $y=\mathrm{e}^{-0.5t}\sin(3t)$ 的条形图，并加以比较。

9. 试写出以下程序的运行结果：

```
clear
clc
x=[-1,2,3];
y=[2,1,6,5];
[X,Y]=meshgrid(x,y)
```

10. 观察以下程序的运行结果：

```
clear
clc
x=0:0.5:2*pi;
y=0:0.5:2*pi;
[X,Y]=meshgrid(x,y);
Z=sin(3*X).*cos(Y).^2;
mesh(X,Y,Z)
```

11. 用 polar 指令分别画出 $\rho=|\sin t\cos t|$，$\rho=|\sin(2t)\cos t|$，$\rho=|\sin(3t)\cos t|$ 和 $\rho=|\sin(4t)\cos t|$ 的极坐标图，其中 t 表示角度，取值范围是 $[0,2\pi]$，取值间隔是 0.1，ρ 表示点到原点的距离。

习题参考答案

第7章

函数绘图的进阶与解析

在上一章的学习中，我们通过诸多例题看到了各式各样的函数所形成的图形。在一般的数学学习中，对于复杂函数，我们只能通过逻辑推理来推断函数的某些性质。而其实，认识函数和认识人一样，都寻求一个由表及里的过程。对于函数而言，图形即为表，性质则为里。也就是说，我们可以通过对函数图像的分析来考查其规律和性质。MATLAB 为我们提供了这样一个探寻的窗口。在本章中，将对函数绘图做一个进一步的进阶与解析。

7.1　二维图形进阶与解析

7.1.1　取点设置

首先介绍一般图形的缩放和取点设置的功能函数用法。表 7-1 列出了图形缩放和取点设置的相关用语。

表 7-1　图形缩放和取点设置相关用语

功能	用法	说明
zoom 图形缩放	zoom	用于切换放大状态：on 或 off
	zoom on	放大原图大小功能。执行此函数后，可以使用鼠标去选取欲放大（按住左键拖拽）的区域，或是直接在该区域上单击左键即可产生放大效果，若双击鼠标左键则恢复原图大小
	zoom off	停止缩放大小
	zoom out	恢复为原图大小
	zoom reset	系统将记住当前图形的放大状态，作为后续放大状态的设置值。因此以后使用 zoom out 时，图形并不会恢复为原图大小，而是返回 reset 时的放大状态的大小
	zoom xon、zoom yon	仅对 x 轴或 y 轴进行放大
	zoom(factor)	factor>1 时，图形放大 factor 倍；factor<1 时，图形缩小为原图的 factor 比例
	zoom(fig,option)	指定对句柄值为 fig 的绘图窗口的二维图形进行放大，其中参数 option 为 on、off、xon、yon、reset、factor 等

功能	用法	说明
ginput 坐标轴内取点	h = zoom（figure_handle）	返回操作的句柄属性值向量
	[x,y]=ginput(n)	从图形中获得 n 个点的坐标值,获得的数据保存在长度为 n 的向量 x、y 中
	[x,y]=ginput	从图形中获得多个点的坐标,直到按下回车键为止
	[x,y,button]=ginput(n)	返回值添加了一个 button 的向量,元素为整数反映选取数据点时按下了哪个鼠标键(左、中、右键分别对应 1、2、3),或者返回使用的键盘上的键的 ASCII 值。调用 ginput 函数后,在窗口中鼠标箭头会变成十字形的光标,移动鼠标,光标随之移动,在关心的数据点上单击鼠标左键,该点的坐标就被记录下来,直到点数达到指定的个数或按下回车键终止取值为止

7.1.2　线形设置

在上一章中,我们初次体会到了 plot 函数设置线型的功能,根据表 6-1 与表 6-2,我们还有一个综合的语句用来实现我们的线型设置。

```
plot(…,'PropertyName',PropertyValue,…)
```

其中的 PropertyName（属性名称）与 PropertyValue（属性值）的对应关系如表 7-2 所示。

表 7-2　plot 绘图中 PropertyName 与 PropertyValue 的对应关系表

PropertyName	意义	PropertyValue
LineWidth	线宽	实数值,单位为 points
MarkerEdgeColor	标记点边框线条颜色	表颜色的字符,如$'g'$等
MarkerFaceColor	标记点内部区域填充颜色	表颜色的字符
MarkerSize	标记点大小	实数值,单位为 points

本节所引用的范例将都以 M 文件的形式给出,在命令窗口中调用 M 文件的过程省略,直接给出运行结果。

例 7.1.1　分别绘制 $y_1=\sin x$,$y_2=\cos x$ 与 $y_3=\sin x\cos x$ 的函数图像,体会 plot 函数的用法,设自变量区间为 $[0,2\pi]$。

M 文件内容如下:

```
clear
clc
x=0:0.02*pi:2*pi;
y1=sin(x);y2=cos(x);y3=sin(x).*cos(x);
plot(x,y1,x,y2);
```

```
hold on;
plot(x,y3,'－－rs','LineWidth',2,...
                'MarkerEdgeColor','k',...
                'MarkerFaceColor','m',...
                'MarkerSize',10)
```

运行结果如图 7-1 所示。

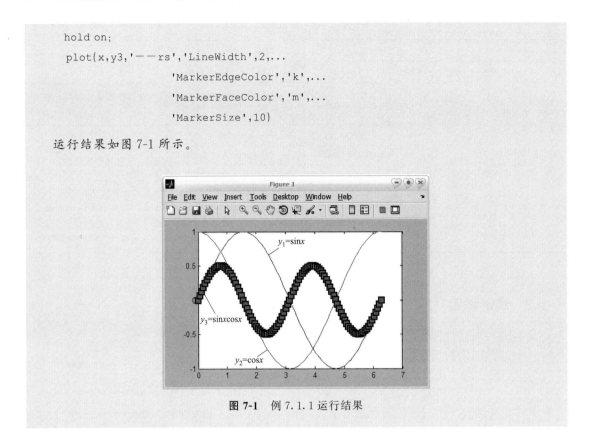

图 7-1　例 7.1.1 运行结果

7.1.3　标注设置

要对图形进行标注，首先应确定面向图形对象的编辑模式已经打开。一般通过单击图形窗口的工具菜单（Tools）下的编辑图形子菜单（Edit Plot），或者单击图形工具条中的图形编辑模式开关按钮来实现。

确认编辑模式打开后，我们便可以经规范操作添加我们想要的标注了。

一般情况下，标注方法可以分成下列 5 种：

- 命令窗口中用标注函数标注；
- 通过图形编辑工具条标注；
- 通过插入菜单（Insert）项标注；
- 利用图形面板对象标注；
- 在属性编辑界面下标注。

表 7-3 列出了部分图形标注函数。

表 7-3　图形标注函数

函数	说明
Title	设置标题
xlabel, ylabel	设置横、纵坐标轴标签
Legend	设置图例

函数	说明
Colorbar	设置颜色条
Annotation	添加文本、线条、箭头、图框等标注元素

尽管所有图形标注都可以用标注函数实现，但是相比较而言，采用图形界面下的交互式的标注方式则更加方便快捷。即直接使用图形编辑工具条。图形编辑工具条在默认状态下是隐身状态，需通过单击视窗菜单（View）下的图形编辑工具条菜单（Plot Edit Toolbar）来调出，如图 7-2 所示。

图 7-2　图形编辑工具条菜单（Plot Edit Toolbar）

该工具条的按钮从左至右依次是：填充色、边框色、文字颜色、字体、加粗、斜体、左对齐、居中对齐、右对齐、线条、单箭头、双箭头、带文字标注的箭头、文本、矩形、椭圆、锚定、对齐与分布。它们又被分成六组，其中四组用来设置标注元素的颜色、字体、文字对齐属性，第五组用来添加各种标注元素，最后一组属于特殊用途。

通过图形编辑工具条只能添加部分的图形标注元素，而通过图形窗口的插入菜单（Insert）则可以添加任何 MATLAB 提供的图形标注元素，如图 7-3 所示。

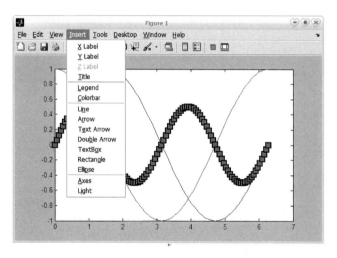

图 7-3　图形窗口的插入菜单项

MATLAB 提供了一系列的标注型元素，包括坐标轴标签（X Label、Y Label、Z Label）、图形标题（Title）、图例（Legend）、颜色条（Colorbar）、线（Line）、箭头（Arrow）、带文本的箭头（Text Arrow）、双箭头（Double Arrow）、文本框（TextBox）、矩形框（Rectangle）、椭圆框（Ellipse）、坐标轴（Axes）和光影（Light）。其中，Z 轴标签 Z Label 和光影 Light 只用于三维图形标注中；坐标轴 Axes 是用于在已有图形中添加新的坐标轴，通常不用于标注。

另一个常用的图形界面下的交互标注方法是利用图形面板对象，打开图形面板单击视窗菜单下的图形面板菜单（Figure Palette），其效果如图 7-4 所示。

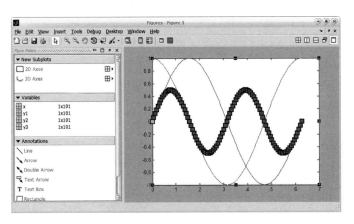

图 7-4　图形面板菜单

有关于图形面板的编辑我们将在后面的章节详细介绍。

第 6 章我们已经学习了 title、Xlabel、Ylabel 等函数的用法。接下来，我们通过实例加强一下对 title、Xlabel、Ylabel 以及另外一些常用的标注语句的理解与使用。

例 7.1.2　使用 Xlabel、Ylabel、title 等函数为例 7.1.1 中图像加标注。

M 文件内容接例 7.1.1 后，如下：

```
title('例 7.1.2','Color','y','fontweight','b','fontsize',15);
xlabel('X','fontsize',12);
ylabel('Y1－Y2－Y3','fontsize',12,'Rotation',90);
legend('y1＝sin(x)','y2＝cos(x)','y3＝sin(x)cos(x)');
```

运行结果如图 7-5 所示。

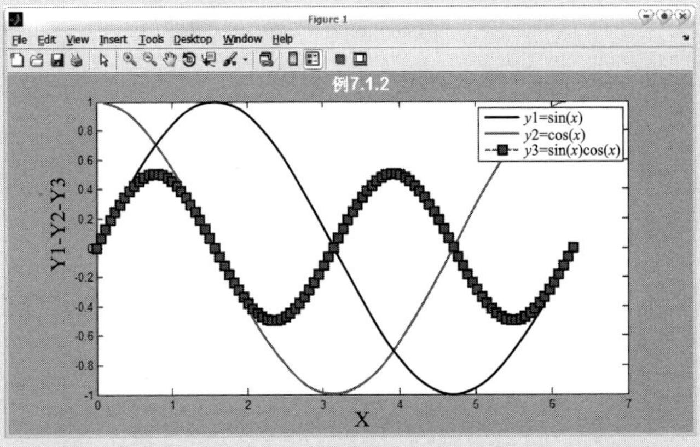

图 7-5　例 7.1.2 运行结果

本题中，ylabel（′string′,′Rotation′，value）的格式含义为将 Y 轴标注中的字串做 value 值的旋转，该旋转自水平位置起，方向为逆。所以，当 value 值为 90 时，表示将 Y 轴标注自下往上排列；value 值为－90 时则反之。

对于文本框类型的标注，其位置相对任意，即可以在图形中任意位置添加。一般的添加方法有：

- 插入菜单（Insert）→Textbox；
- 图形编辑工具条→文本框按钮；
- 常用的函数 text 与 gtext。其中，通过 text 与 gtext 所创建的标注锚定在图形中的固定位置，并随坐标轴的平移与缩放做相对应的移动，而通过菜单和工具按钮创建的文本标注，默认是不锚定的。

作为两种常用的文本添加函数，text 与 gtext 又有些许不同。text 是纯命令行文本函数，而 gtext 是交互式文本框标注函数。

例 7.1.3　文本框标注示例。

M 代码续例 7.1.1 如下：

```
gtext({'例 7.1.2','gtext','用法示例'});
gtext({'y1=sin(x)';'y2=cos(x)';'y3=sin(x)cos(x)';'x=\pi'});
```

运行结果如图 7-6 和图 7-7 所示。

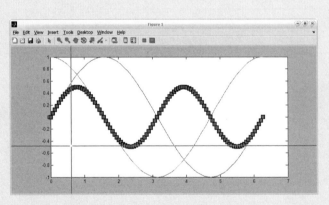

图 7-6　例 7.1.3 中的 gtext 一次标注

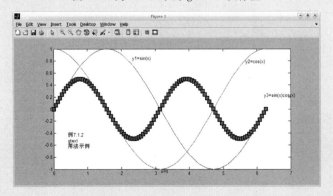

图 7-7　例 7.1.3 中的 gtext 多次标注

像"\pi"这样的语言被称为 TEX 标记语言，通过 TEX 标记语言可以设置多种常用符号，如希腊字母、数字符号、箭头等，相对应关系如表 7-4 和表 7-5 所示。

表 7-4   标记语言与符号

标记语言	符号	标记语言	符号	标记语言	符号
\alpha	α	\upsilon	υ	\sim	∼
\beta	β	\phi	Φ	\leq	≤
\gamma	γ	\chi	χ	\infty	∞
\delta	δ	\psi	ψ	\clubsuit	♣
\epsilon	ε	\omega	ω	\diamondsuit	♦
\zeta	ζ	\Gamma	Γ	\heartsuit	♥
\eta	η	\Delta	Δ	\spadesuit	♠
\theta	Θ	\Theta	Θ	\leftrightarrow	↔
\vartheta	ϑ	\Lambda	Λ	\leftarrow	←
\iota	ι	\Xi	Ξ	\uparrow	↑
\kappa	κ	\Pi	Π	\rightarrow	→
\lambda	λ	\Sigma	Σ	\downarrow	↓
\mu	μ	\Upsilon	Υ	\circ	°
\nu	ν	\Phi	Φ	\pm	±
\xi	ξ	\Psi	Ψ	\geq	≥
\pi	π	\Omega	Ω	\propto	∝
\rho	ρ	\forall	∀	\partial	∂
\sigma	σ	\exists	∃	\bullet	•
\varsigma	ς	\ni	∋	\div	÷
\tau	τ	\cong	≅	\neq	≠
\equiv	≡	\approx	≈	\aleph	ℵ
\Im	ℑ	\Re	ℜ	\wp	℘
\otimes	⊗	\oplus	⊕	\oslash	∅
\cap	∩	\cup	∪	\supseteq	⊇
\supset	⊃	\subseteq	⊆	\subset	⊂
\int	∫	\in	∈	\o	ο
\rfloor	⌋	\lceil	⌈	\nabla	∇
\lfloor	⌊	\cdot	·	\ldots	...
\perp	⊥	\neg	¬	\prime	′
\wedge	∧	\times	×	\oslash	∅
\rceil	⌉	\surd	√	\mid	|
\vee	∨	\varpi	ϖ	\copyright	©
\langle	∠	\rangle	∠	\circ	°

表 7-5 标记语言与字体格式

符号	含义	符号	含义
_	下标	\^	上标
\it	斜体	\bf	粗体
\rm	正常字体	\fontname{fontname}	采用指定字体
\fontsize{fontsize}	采用指定字号	\color{colorname}	指定颜色

其中，颜色的名称有 7 种基本颜色 red、green、yellow、magenta、blue、black、white 以及四种 simulink 颜色 gray、darkGreen、orange、lightBlue。此处必须键入颜色全名。

7.1.4 特殊二维绘图

对于常规的二维图像，MATLAB 提供了非常便捷的创建渠道。表 7-6 列出了一些常用的二维绘图函数。

表 7-6 常用的二维绘图函数

函数名称	含义	函数名称	含义
plot	二维曲线图绘制	plotyy	双 y 轴图形
polar	二维极坐标图绘制	area	面积图
loglog	双对数坐标图	pie	扇形图
semilogx	x 轴对数刻度二维绘图	scatter	散点图
semilogy	y 轴对数刻度二维绘图	hist	柱形图
bar	垂直条形图	errorbar	误差图
barh	水平条形图	stem	火柴杆图
quiver	向量图	feather	羽毛图
rose	玫瑰花图	commet	彗星图
stairs	阶梯图	compass	罗盘图
pareto	Pareto 图绘制	fill	实心图绘制
ployarea	数组参数多边实心图绘制	ploymatrix	数组关系图绘制
contour	等值线图	contourf	填充模式等值线图
对应函数绘图		含义	
fplot(fun,limits)		在指定的坐标轴 limits 范围内绘制字符串或函数 fun 对应图形	
ezplot(fun,[xmin,xmax,ymin,ymax])		在指定的坐标轴范围内绘制字符串或函数 fun 对应图形	
ezpolar(fun,[a,b])		在指定弧度范围内绘制字符串或函数 fun 对应极坐标图形	
ezcontour(fun)		绘制字符串或函数 fun 对应等高线图	
ezcontourf(fun)		绘制字符串或函数 fun 对应等高线填充图	

下面我们通过一些例子具体演示这些函数的用法。

例 7.1.4 实心图、pareto 图、散点图与彗星图实例。

M 文件如下：

```
clear
clc
x=rand(1,10);y=rand(1,10);
subplot(2,2,1),fill(x,y,'k'),title('实心图');
subplot(2,2,2),pareto(x),title('pareto图');
subplot(2,2,3),scatter(x,y),title('散点图');
subplot(2,2,4),comet(x,y),title('彗星图');
```

运行结果如图 7-8 所示。

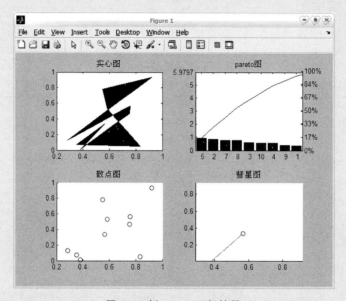

图 7-8   例 7.1.4 运行结果

例 7.1.5   函数绘图示例。

M 文件如下：

```
clear
clc
subplot(2,2,1);
y1='sin(x)';
fplot(y1,[0 2*pi]);title('y1=sin(x)');
subplot(2,2,2);
y2='sin(x)+cos(x)';
ezplot(y2,[-2*pi 2*pi -2.5 2.5]);title('y2=sin(x)+cos(x)');
subplot(2,2,3);
y3='sin(x)+2*cos(x)';
ezpolar(y3,[-2*pi 2*pi ]);title('y2=sin(x)+2*cos(x)');
```

```
subplot(2,2,4);
ezplot(@peaks);title('peaks');
```

运行结果如图 7-9 所示。

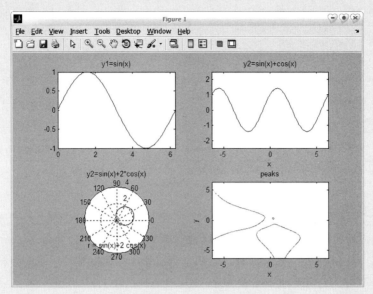

图 7-9 例 7.1.5 运行结果

一般地，对于如 ezplot 的绘图方法，我们只要知道三维变量之间的关系便可绘制相应曲线。表 7-7 列出了数学领域一些常用的绘图公式关系。

表 7-7   常用绘图公式关系

图像名称	原代数方程式	变量关系
椭球面	$\dfrac{x^2}{a^2}+\dfrac{y^2}{b^2}+\dfrac{z^2}{c^2}=1$	$\begin{cases} x=a\sin\varphi\cos\theta \\ y=b\sin\varphi\sin\theta \\ z=c\cos\varphi \end{cases}$ 其中,$0\leqslant\theta<2\pi,0\leqslant\varphi<2\pi$
单叶双曲面	$\dfrac{x^2}{a^2}+\dfrac{y^2}{b^2}-\dfrac{z^2}{c^2}=1$	$\begin{cases} x=a\sec\varphi\cos\theta \\ y=b\sec\varphi\sin\theta \\ z=c\tan\varphi \end{cases}$ 其中,$0\leqslant\theta<2\pi,-\dfrac{\pi}{2}<\varphi<\dfrac{\pi}{2}$
双叶双曲面	$\dfrac{x^2}{a^2}+\dfrac{y^2}{b^2}-\dfrac{z^2}{c^2}=-1$	$\begin{cases} x=a\tan\varphi\cos\theta \\ y=b\tan\varphi\sin\theta \\ z=c\sec\varphi \end{cases}$ 其中,$0\leqslant\theta<2\pi,-\dfrac{\pi}{2}<\varphi<\dfrac{\pi}{2}$
圆柱螺线	$\dfrac{x^2}{a^2}+\dfrac{y^2}{a^2}=1=\dfrac{z}{bt}$	$\begin{cases} x=a\cos t \\ y=a\sin t \\ z=bt \end{cases}$ 其中,$-\infty<t<+\infty$

续表

图像名称	原代数方程式	变量关系
圆锥螺线	$\dfrac{x^2}{a^2}+\dfrac{y^2}{b^2}=\dfrac{z^2}{c}$	$\begin{cases} x=at\cos t \\ y=bt\sin t \\ z=ct \end{cases}$ 其中,$0<t<+\infty$
抛物螺线	$\dfrac{x^2}{a^2}+\dfrac{y^2}{b^2}=\dfrac{z}{c}$	$\begin{cases} x=at\cos t \\ y=bt\sin t \\ z=ct^2 \end{cases}$ 其中,$0<t<+\infty$
圆环面	$\left(\sqrt{x^2+y^2}-R\right)^2+z^2=r^2$	$\begin{cases} x=(R+r\cos\theta)\cos\varphi \\ y=(R+r\cos\theta)\sin\varphi \\ z=r\sin\theta \end{cases}$ 其中,$0\leqslant\theta\leqslant 2\pi$,$0\leqslant\varphi\leqslant 2\pi$

7.1.5   交互式绘图

MATLAB 图形窗口除了用于显示绘图函数的结果,还可以进行交互式绘图。MATLAB 交互式绘图工具包括三个面板:图形面板、绘图浏览器和属性编辑器。这些面板在默认视图下并不显示。表 7-8 列出了打开面板的若干方法。

表 7-8   绘图工具面板显示方法

面板名称	显示方法	其他说明
图形面板 (Figure Palette)	命令 figurepalette 或视图菜单下的 Figure Palette 项	"显示绘图工具"按钮可以同时显示这三个面板; "隐藏绘图工具"按钮则可同时关闭这三个面板
绘图浏览器 (Plot Browser)	命令 plotbrowser 或视图菜单下的 Plot Browser 项	
属性编辑器 (Property Editor)	命令 propertyeditor 或视图菜单下的 Property Editor 项	

通过显示绘图工具按钮,打开三个绘图工具面板之后的窗口如图 7-10 所示。

部分绘图面板的位置及功能见表 7-9。

表 7-9   交互式绘图面板功能表

名称	位置	功能	举例
图形面板 (Figure Palette)	窗口左侧	创建与安装图形窗口下的子图分布 交互式对工作变量进行任意类型的图形绘制	如构建 2×3 子图阵 如添加箭头、图框等标注
绘图浏览器 (Plot Browser)	窗口右侧	控制坐标轴或图像对象的显示	如通过 Add Data…按钮在指定的坐标轴下添加数据进行新的附加绘图
属性编辑器 (Property Editor)	窗口下方	常用属性设置	如子图标题、网格、坐标轴标签、范围等

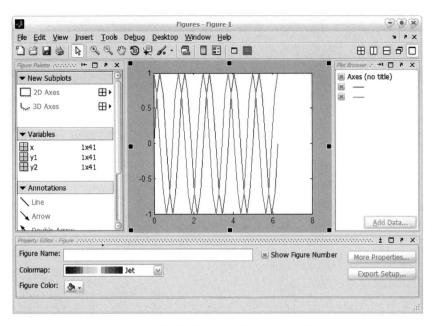

图 7-10 显示交互式绘图工具的图形窗口

下面以一个完整的绘图实例来说明这些面板的各种功能。

例 7.1.6 交互式绘图数据创建。

M 文件内容如下：

```
clear
clc
x=0:0.05*pi:2*pi;
y1=sin(5*x);
y2=cos(5*x);
plot(x,y1,x,y2);
```

（1）图形面板

单击图形窗口 New Subplots 选项卡下的二维 Axes 按钮，会在当前绘图区的下方添加一行新的坐标轴；而单击右侧的田字方框和黑色箭头位置，用户则可以通过移动鼠标创建自己定义列的子图，当前已经存在的图形会被默认设置为编号最小的子图，这会产生一个如图 7-11 所示的绘图区结果，其中已经存在的函数曲线是例 7.1.6 中代码所创建。

创建子图之后就可以在每个子图区绘制函数了，可以通过在图形面板的第二个选项卡中交互地选择 MATLAB 工作空间中的变量，然后按用户指定的图形样式和绘图顺序来绘制函数曲线。

一般要选择坐标轴，然后按住 Ctrl 键，用鼠标左键选择若干个参与绘图的变量，再单击鼠标右键，从右键快捷菜单中选择某种符合要求的绘图方式。

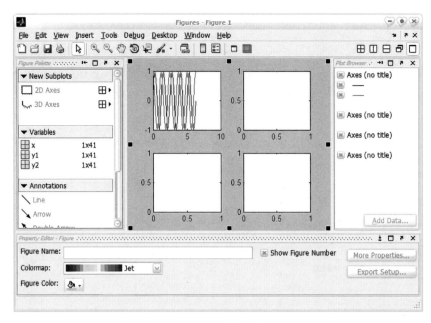

图 7-11   添加子图

如选择第 2 行、第 1 列的子图（选中状态），然后利用 Ctrl 选择了两个工作区变量，右键菜单中会提供一些简单的绘图项，如 plot(x,y1)等，想要添加更多的自定义图像，则可以点击 More Plots。

绘图类型可以设置为本章之前描述的任何一种类型，如一般的线条图，或者各种特殊类型，接着，可以在窗口最上方的文本框中设定绘图参数，实际上相当于绘图函数的输入参数。

图形面板的最下面一个选项卡中的内容用来进行图形标注，包括线条箭头标注和图框标注。标注时只需选择相应的标注元素，在某个子图下用鼠标拖拽即可产生标注对象，操作非常方便。

通过重复以上绘图、标注等操作，可产生如图 7-12 所示效果。具体操作还需读者悉心体会与练习。

（2）绘图浏览器

绘图浏览器用来显示当前绘图区中的所有坐标轴、图线，但不包括图形标注元素，用户可以通过绘图浏览器控制这些对象的显示和隐藏，在指定的坐标轴下添加绘图数据。

在图 7-13 中，点击图中的复选框，使其处于选中状态，则该图形元素（坐标轴或轴线）会显示在绘图区，若使复选框处于非选中状态，则图形元素将被隐藏。当某个图形元素被选中时，对应的绘图区中该元素也处于选中待编辑状态，用户可以通过拖拽鼠标修改其尺寸、位置，也可以通过下一部分要介绍的属性编辑器来修改图形元素的各种属性。

（3）属性编辑器

属性编辑器为用户修改图形元素（包括标注对象）的任意属性提供了一个便捷的图形界面的操作环境。当绘图区中某一元素（包括坐标轴、图线、各种标注对象、图例、颜色条

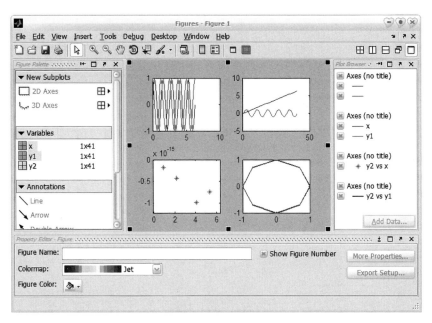

图 7-12　子图绘制

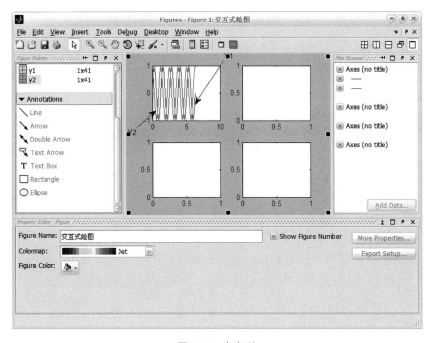

图 7-13　加标注

等）被选中时，属性编辑器将自动转换到选中元素的属性编辑界面中。

以坐标轴对应的属性编辑器为例，用户可以编辑坐标轴标题，背景颜色、边框颜色，网格显示、边框显示，各坐标轴的标签、显示刻度、显示范围、线性坐标还是对数坐标、方向，以及文字等属性的设置。

经过对坐标轴、图形的多次选择、编辑，可以进一步修缮我们的图形，具体操作请读者仔细地实践与体会。

通过单击 Inspector 按钮可以打开属性监视器界面，用户将可以编辑图形元素的任意属性。一般情况下，属性编辑器界面下提供的编辑项可以满足大部分绘图要求。

（4）数据查视工具

当图形绘制完毕后，用户经常需要查看图形局部细节和整体之间的切换，这需要便捷的数据视察工具，为此，MATLAB 提供了常用的缩放、平移、旋转、摄像头等一系列用于数据切换查实的工具。

对于二维图形，只有缩放和平移工具。这些在默认视图下的图形工具条中都有对应的工具按钮。用户只需要选择相应的按钮，就可以在图形区通过鼠标拖拽产生缩放或平移效果。不过需注意的是，有时若干子图绘制了相同的数据集合，并且通过箭头等标注，元素将不同子图之间的特定点连接起来以达到数据显示的效果时，经常需要对标注元素进行锚定操作，否则在我们使用数据查视工具变换图形显示效果时，标注元素不会随着坐标轴的缩放和平移进行相应的移动。

（5）绘图工作的保存

下面简要介绍绘图工作的保存。

作为绘图流程的最后一步，MATLAB 绘图结果保存是非常重要的。比较简单的方法即通过文件菜单（File）的几个保存选项来保存。

· Save：可将当前绘图区的绘图结果保存为二进制的 fig 文件，只能由 MATLAB 打开。

· Save As…：可设置文件保存的格式，如可设置为常用的 jpg、bmp、png、tif 等格式，以便通过另外一些常用的图像处理软件进行再编辑。

· Generate M-File…：可将当前绘图保存为 MATLAB 函数 M 文件，从而可以重复绘图。需注意，产生的 M 代码中不保存当前绘图采用的数据集。

7.2 三维图形进阶与解析

MATLAB 中可以通过二维或三维图形实现数据的可视化。本节将继续为大家介绍在三维空间上实现数据可视化的方法与操作，包括一般的三维曲线、曲面图形和三维片块模型。

MATLAB 中的三维图形包括三维曲线图、三维网格线图和三维曲面图。

7.2.1 一般三维图形的绘制

（1）三维曲线图

三维曲线描述的是 x、y 沿着一条平面曲线变化时，z 随之变化的情况。MATLAB 中三维曲线的绘制函数是 plot3，在第 6 章我们已有所涉及，用法与 plot 大同小异。

在这里要注意的是，一般而言，x、y、z 是具有同样长度的一维数组，这时 plot3 将绘制一条三维曲线。实际上，x、y、z 也可以是同样尺寸且具有多列的二维数组，这时 plot3 会将 x、y、z 对应的每一列当作一组数据分别绘制出多条曲线。

例 7.2.1 plot3 绘制三维曲线图。

M 文件代码如下：

```
clear
clc
z＝0:0.1:8＊pi;
x＝sin(z);
y＝cos(z);
plot3(x,y,z);
```

运行结果如图 7-14 所示。

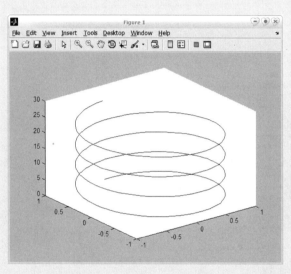

图 7-14 例 7.2.1 运行结果

（2）三维曲面图

当 (x,y) 的范围限定在一条线上时，(x,y,z) 的关系可由曲线图来描述，而对于 (x,y) 定义在一个区域中的情况，则应该用曲面来描述。

在 MATLAB 中，描述曲面是通过矩形网络的组合来实现的。即将 (x,y) 定义的区域分解成众多小型矩形区域，接着计算小矩形区域中各顶点 z 的值，在显示时把这些邻近的顶点都相互连接起来，从而组合出整个 (x,y) 区域上 (x,y,z) 的曲面。

MATLAB 中的曲面图又分为网线图和表面图两种类型。网线图即为各邻近顶点连接而成的网格状的曲面图，而表面图则为各填充了色的矩形色块所表示的曲面图。

无论是绘制网线图还是表面图，都离不开网格的绘制。MATLAB 为我们提供了 meshgrid 函数，可以用于 (x,y) 矩形区域上网格的创建，接着我们再选择相应的 mesh 或 surf 函数来绘制相应的曲面图形。

网格线之间的区域是不透明的，因此显示的网格是前面的部分，被图像遮住的部分没显示出来。MATLAB 用 hidden 函数控制这个属性。hidden on 表示不显示遮住的部分，hidden off 表示显示遮住的部分。

例 7.2.2　三维曲面图的绘制。

M 文件代码为：

```
clear
clc
x=-2:.2:2;y=-3:.3:4;
[X,Y] = meshgrid(x,y);
z=X.^2+Y;
subplot(3,2,1);mesh(X,Y,z);title('mesh');
subplot(3,2,3);meshc(X,Y,z);title('meshc');
subplot(3,2,5);meshz(X,Y,z);title('meshz');
subplot(3,2,2);surf(X,Y,z);title('surf');
subplot(3,2,4);surfc(X,Y,z);title('surfc');
subplot(3,2,6);surfl(X,Y,z);title('surfl');
```

运行结果如图 7-15 所示。

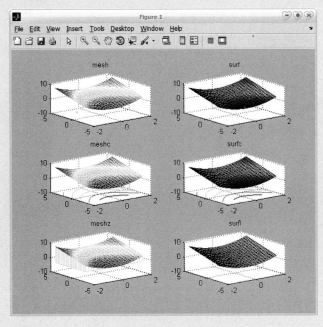

图 7-15　例 7.2.2 运行结果

本题中，meshc、meshz、surfc、surfl 分别由 mesh 与 surf 函数派生而出，具体含义见表 7-10。

表 7-10　绘图中常用的 mesh 函数与 surf 函数的派生函数

名称	含义
meshc	在 mesh 的基础上，在 X-Y 平面绘制函数的等值线
meshz	在 mesh 的基础上，在图形底部外侧绘制平行于 Z 轴的边框线

名称	含义
surfc	在 surf 的基础上，在 X-Y 平面绘制函数的等值线
surfl	在 mesh 的基础上，为图形增加光照效果

7.2.2　特殊三维图形的绘制

对应于二维图形的创建，在三维空间中，MATLAB 依然有许多可以一步到位的三维图形创建用语，见表 7-11 和表 7-12。

表 7-11　特殊三维图形函数

函数	功能	函数	功能
bar3	三维竖直条形图	pie3	三维饼状图
Bar3h	三维水平条形图	stem3	火柴杆图
Coutour3	等值线图	quiver3	向量场图
cylinder	圆柱图形	sphere	绘制单位球面
scatter3	三维散点图		

表 7-12　三维图形简易绘制函数

函数	含义
ezplot3(funx,funy,funz,[tmin,tmax])	在[tmin,tmax]范围下绘制三维曲线(fun(x),fun(y),fun(z))
ezmesh(fun,domain)	在 domain 指定的区域内绘制 fun 指定的二元函数的网线图
ezmeshc(fun,domain)	在 domain 指定的区域内绘制 fun 指定的二元函数的网线图，并在 X-Y 平面叠加绘制等高线
ezsurf(fun,domain)	在 domain 指定的区域内绘制 fun 指定的二元函数的表面图
ezsurfc(fun,domain)	在 domain 指定的区域内绘制 fun 指定的二元函数的表面图，并在 X-Y 平面叠加绘制等高线

下面我们通过示例来了解其中用法。

例 7.2.3　特殊三维图形示例。

M 文件代码：

```
clear
clc
x=0:0.5:5;
y=10*exp(-0.5*x);
z=2*x;
A=magic(4);
subplot(2,2,1);
```

```
bar3(A,'detached');title('三维数值条形图');
subplot(2,2,2);
bar3h(A,'grouped');title('三维水平条形图');
subplot(2,2,3);
scatter3(x,y,z,'m');title('三维散点图');
subplot(2,2,4);
stem3(x,y,z,'fill');title('三维火柴棒图');
```

运行结果如图 7-16 所示。

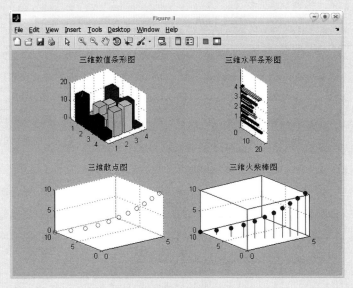

图 7-16　例 7.2.3 运行结果

7.2.3　三维图形的显示控制

（1）坐标轴设置

与二维图形类似，我们通过带参数的 axis 命令来设置坐标轴显示范围和比例。具体用法见表 7-13。

表 7-13　axis 用法

用法	含义
axis[xmin xmax ymin ymax zmin zmax]	人工设置坐标轴范围
axis auto	自动确定坐标轴的显示范围
axis manual	锁定当前坐标轴显示范围，只能手动修改
axis tight	设置坐标轴显示范围为数据所在范围
axis equal	设置各坐标轴的单位刻度长度等长显示
axis square	将当前坐标轴范围显示在正方形（或正方体）内
axis vis 三维	锁定坐标轴比例，不随三维图形的旋转而改变

（2）视角设置

三维图形中，我们会涉及面的概念。不同的视角，视觉效果是不一样的。因此，设置一个能够查看整个图形最主要特性的视角，在三维图形的查看中是相当重要的。

使用 MATLAB，我们可以通过函数命令或图形旋转工具改变视角。旋转工具将在后面的内容中介绍，这里我们通过 View 在命令行方式下设置图形视角，表 7-14 为 View 函数的常用语法格式。

表 7-14　View 函数的常用语法格式

语法	含义
View(az,el) View([az,el])	设置视角位置在 azimuth 角度和 elevation 角度确定的射线上
View([x,y,z])	设置视角位置在[x,y,z]位置所指示的方向
View(2)	默认的二维视图视角,相当于 az＝0,el＝90
View(3)	默认的三维视图视角,相当于 az＝－37.5,el＝30
[az,el]＝view	返回当前视图的视角 az 和 el

（3）Camera 控制

实际上，在 MATLAB 的图形窗口下查看一幅三维图形，类似于用户的眼睛作为摄像头对图形场景进行拍摄。MATLAB 基于这一类比，提供了 Camera 控制工具条，为我们调节图形查看效果提供了一个便捷的渠道。

默认窗口下，Camera 控制工具条是不显示的，选择 View 菜单下的 Camera Toolbar，可以在当前窗口显示（隐藏）Camera 控制工具条，如表 7-15 所示。

表 7-15　Camera 控制工具条（第一组）

位置(从左往右)	名称	作用
1	Camera 圆周旋转按钮	固定图形位置,用户眼睛在到坐标轴远点的圆周上旋转查看
2	场景灯光旋转按钮	设置光源相对于坐标轴原点和用户眼睛连线的角度
3	圆形圆周旋转按钮	用户固定眼睛,图形(以坐标轴原点为准)在以用户眼睛为圆心的圆周上旋转时用户查看图形的效果
4	Camera 平移按钮	固定图形位置,用户眼睛水平或垂直移动
5	Camera 推进或后退按钮	不改变视角的情况下,改变用户眼睛和图形之间的距离
6	Camera 缩放	增大或缩小用户眼睛观察时取景的角度
7	Camera 旋转	用户眼睛和图形位置固定,绕连线轴旋转眼睛观察

相邻的第二组工具按钮用来设置当前图形坐标轴的取向；第三组工具按钮用来设置当前图形和场景光源；第四组工具按钮用来设置透明模式；最后一组工具按钮用来重置或终止 Camera 移动和场景灯光。

7.2.4　三维图形的颜色控制

对于三维表面图而言，由于数据结构相对复杂，我们得出的图像往往会变得难以观察，此时，我们需要对三维图像的颜色做一点小小的调整。

这里不得不提到 shading 函数（表 7-16）。

表 7-16　shading 函数

用法	说明
shading flat	去掉各片连接处的线条，平滑当前图形的颜色
shading interp	去掉连接线，在各线之间使用颜色插值，使得各片之间以及片内颜色均匀过渡
shading faceted	默认值，带有连接线的曲面

例 7.2.4　使用 surfc 函数画出 50 阶高斯分布数据的三维图像，并用 shading 函数修缮。

M 文件代码如下：

```
clear
clc
figure;
[x,y,z]=peaks(50);
subplot(2,1,1);surfc(x,y,z);
subplot(2,1,2);surfc(x,y,z);shadinginterp ;
```

运行结果如图 7-17 所示。

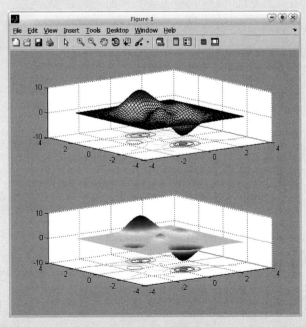

图 7-17　例 7.2.4 运行结果

习题

1. 用不同线形和颜色绘制曲线 $y=2\mathrm{e}^{-0.5x}\sin(5x)$ 及其包络线，并加标题、坐标轴与图例。

2. 绘制含 3 个子图的图形。其中：

图 1：$[0,5\pi]$ 区间内函数 $y_1=\sin(10x)$ 的对数坐标曲线；

图 2：$[0,5\pi]$ 区间函数 $y_2=\sin(x/10)$ 的对数坐标曲线与极坐标曲线；

图 3：$[0,5\pi]$ 区间内函数 y_1（对数坐标曲线）与 y_2（$X\text{-}Y$ 坐标曲线）的双 Y 轴图形。

要求：设定步长为 0.1，且图 1 置于第一行，图 2、3 分别置于第二行子图的左右两边。

3. 生成维数为 50 的高斯（peaks）分布数据的二维、三维等高线图像。

要求：二维等高线图，需填充，并加颜色块等标注。

4. 绘制球面图。

要求：运用 sphere 函数，并加入 axis 坐标控制，用 shading 语句进行颜色平滑操作。列出坐标控制前后、颜色平滑前后的图像。

习题参考答案

第8章

MATLAB在电力变压器中的应用案例

例 8.1 一台 40kV·A、60Hz、7.97kV：240V 单相配电变压器的电阻及漏电抗为 $R1=41.6\Omega$，$R2=37.2m\Omega$；$Xl1=42.12\Omega$，$Xl2=39.8m\Omega$。

其中，1 表示 7.97kV 绕组，2 表示 240V 绕组。每个量都归算到变压器的自身一侧。

考虑额定视在功率（kV·A）负载连接到低压端的情况。假设负载电压维持 240V 恒定，用 MATLAB 绘出当负载功率因数从 0.6 超前，经单位功率因数到 0.6 滞后变化时，高压侧端电压随功率因数角变化的函数曲线。

解：

以下为 MATLAB 源程序：

```
%变压器参数
P_load=135e3;                              %负载功率,单位为瓦特
V_load=2385;                               %负载电压,单位为伏特
Z1=2.14+41.6i;                             %高压侧阻抗,单位为欧姆
Z2=2.14-37.2e-3i;                          %低压侧阻抗,单位为欧姆

%功率因数角
pf_angles=linspace(-pi/2,pi/2,100);        %从-90°到90°,共100个点

%计算电压
V_high_side=zeros(size(pf_angles));        %高压侧电压数组
for i=1:length(pf_angles)

%计算功率因数
pf=cos(pf_angles(i));                      %实际功率因数

%计算负载阻抗
Z_load=P_load/(V_load*pf);                 %负载阻抗

%计算变压器的等效阻抗
Z_eq=(Z1*Z2)/(Z1+Z2);                      %等效阻抗
```

```
%计算高压侧端电压
V_high_side(i)=V_load*(Z_load/(Z_load+Z_eq))*sqrt(2);    %高压侧端电压
end


%绘制电压随功率因数角变化的曲线
figure;
plot(pf_angles*180/pi,V_high_side);
title('高压侧端电压随功率因数角变化');
xlabel('功率因数角/(°)');
ylabel('电压/V');
grid on;
```

程序运行结果如图 8-1 所示。

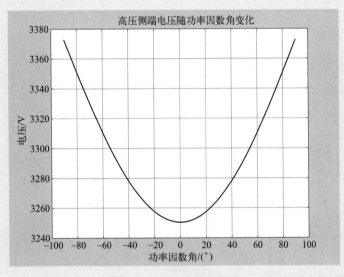

图 8-1　例 8.1 的运行结果

例 8.2　一个单相负载，通过阻抗为 $90+j320\Omega$ 的 35kV 馈电线和一台 35kV：2400V 变压器供电，变压器低压侧的等效串联阻抗为 $0.21+j1.33\Omega$。

编写一个 MATLAB 程序：①在假设负载功率维持 135kW 恒定、负载电压维持 2385V 恒定下，针对 0.78 超前性功率因数、单位功率因数和 0.78 滞后性功率因数，计算在变压器高压端的电压、计算馈电线发送端电压、计算输入馈电线发送端的有功功率和无功功率；②利用所编写的 MATLAB 程序，绘出当功率因数从 0.7 超前，经单位功率因数到 0.7 后变化时，维持 2385V 的负载电压所需要的发送端电压（随功率因数角）变化的函数曲线。

解：

以下为 MATLAB 源程序：

```
%定义给定的参数
```

```matlab
Z_line=90+320i;                                    %馈电线阻抗
Z_transformer=0.21+1.332i;                         %变压器等效串联阻抗
P_load=135e3;                                      %负载功率(W)
V_load=2385;                                       %负载电压(V)
V_transformer=2400;                                %变压器低压侧电压(V)
V_base=35e3;                                        %馈电线基准电压(V)

%计算负载阻抗
Z_load=(V_load^2)/P_load;

%计算负载电流
I_load=P_load/V_load;

%定义功率因数角范围
pf_angles=linspace(-acosd(0.78),acosd(0.78),100);%-cos(acos(0.78))=0.78

%计算并绘制发送端电压随功率因数角的变化
V_source=zeros(size(pf_angles));
for i=1:length(pf_angles)

%计算等效负载阻抗
Z_eq_load=Z_load*cosd(pf_angles(i))-1i*abs(Z_load)*sind(pf_angles(i));

%计算等效总阻抗
Z_eq_total=Z_line+Z_transformer+Z_eq_load;

%计算发送端电压
V_source(i)=V_base+I_load*Z_eq_total;
end

%绘制函数曲线
figure;
plot(pf_angles,abs(V_source),'LineWidth',2);
xlabel('功率因数角/(°)');
ylabel('发送端电压/V');
title('负载电压为2385V时的发送端电压随功率因数角变化');
grid on;
```

程序运行结果如图 8-2 所示。

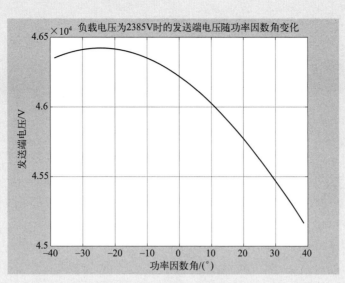

图 8-2　例 8.2 的运行结果

　　例 8.3　一台 25MV·A、60Hz 单相变压器的铭牌显示,变压器有 8kV∶78kV 的额定电压值。在高压侧做短路实验(低压侧为绕组短路),给出读数为 4.53kV、321A 和 77.5kW。在低压侧做开路实验,相应的仪表度数为 8.0kV、39.6A 和 86.2kW。

　　现在将这台单相 8kV∶78kV、25MV 变压器,连接成 78kV∶86kV 的自耦变压器。编写一个 MATLAB 程序,该程序以单相变压器的额定值(电压和 kV·A)和额定负载、单位功率因数下的效率作为输出,以连接成自耦变压器时变压器的额定值及额定负载、单位功率因数下效率为输出。

　　解:

　　以下为 MATLAB 源程序:

```
%假设输入为单相变压器的额定电压(Vr)和 kVA 值(Sr)
Vr=110;                    %示例电压,需要替换为实际值
Sr=100;                    %示例 kVA 值,需要替换为实际值
%假设负载为 Z(阻抗),功率因数为 pf,效率为 eta
z=5+5j;                    %示例阻抗,需要替换为实际值
pf=0.8;                    %示例功率因数,需要替换为实际值
eta=0.95;                  %示例效率,需要替换为实际值

%计算自耦变压器的额定值和效率的公式(这里需要具体的公式)
%以下公式是假设的,实际应用中需要根据具体情况进行调整
Vr_coupled=Vr;             %自耦变压器的额定电压,通常与原变压器相同
Sr_coupled=Sr;             %自耦变压器的额定 kVA 值,通常与原变压器相同
eta_coupled=eta;           %自耦变压器的效率,通常与原变压器相同
```

```
%输出结果
fprintf('自耦变压器的额定电压:%f  V\n',Vr_coupled);
fprintf('自耦变压器的额定电压:%f  V\n',Vr_coupled);
fprintf('自耦变压器的额定 kVA 值:%f  kVA\n',Sr_coupled);
fprintf('自耦变压器的效率:%f\n',eta_coupled);
```

运行程序，输出结果：

```
自耦变压器的额定电压:110.000000 V
自耦变压器的额定电压:110.000000 V
自耦变压器的额定 kVA 值:100.000000 kVA
自耦变压器的效率:0.950000
```

例 8.4 按照表 8-1，利用 MATLAB：①绘出数据曲线；②计算磁滞回线的面积，以 J 为单位；③计算相应于 60Hz 的铁芯损耗密度，以 W/kg 为单位。假设钢的密度为 7.65g/cm^3。

表 8-1　磁性钢试样的 60Hz 对称磁滞回线上半部分的数据

B/T	0	0.2	0.4	0.6	0.7	0.8	0.9	1.0	0.95	0.9	0.8	0.7	0.6	0.4	0.2	0
H/(A 匝/m)	48	52	58	73	85	103	135	193	80	42	2	-18	-29	-40	-45	-48

解：

① 绘制磁滞回线

```
data = [0 0.2 0.4 0.6 0.7 0.8 0.9 1.0 0.95 0.9 0.8 0.7 0.6 0.4 0.2 0];
h = [48 52 58 73 85 103 135 193 80 42 2 -18 -29 -40 -45 -48];
plot(h,data,'o-');
xlabel('B/T ');
ylabel('H/(A/m)');
title('磁滞回线');
```

程序运行结果如图 8-3 所示。

② 计算磁滞回线面积

```
B=[0 0.2 0.4 0.6 0.7 0.8 0.9 1.0 0.95 0.9 0.8 0.7 0.6 0.4 0.20];
H=[48 52 58 73 85 103 135 193 80 42 2 -18 -29 -40 -4 -48];
area=0;
for i=2:length(B) area=area+(H(i)+H(i-1))*(B(i)-B(i-1));
end
fprintf('磁滞回线面积:%f  J/m^3\n',area);
```

程序运行结果：

```
磁滞回线面积:164.150000 J/m^3
```

③ **计算铁芯损耗密度**

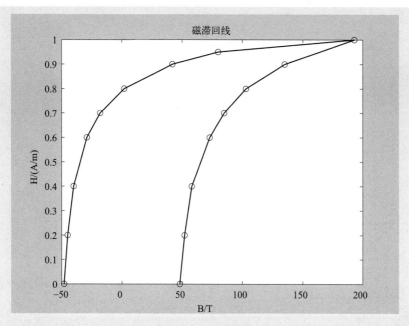

图 8-3　磁滞回线

　　铁芯损耗密度通常与磁滞损耗密度相关，铁芯损耗密度可以通过磁滞损耗密度除以钢的密度得到。

```
fprintf('铁芯损耗密度:%fW/kg\n',area/7.65/1000);
```

　　程序运行结果：

```
铁芯损耗密度:0.021458W/kg
```

　　例 8.5　具有单个气隙的磁路如图 8-4 所示。铁芯尺寸为：横截面积 $Ac=3.5\text{cm}^2$、铁芯平均长度 $Lc=25\text{cm}$、气隙长度 $g=2.4\text{mm}$、$N=95$ 匝。磁路有非线性铁芯材料，材料磁导率为 B_m 的函数，具体为：

$$\mu=\mu_0\left(1+\frac{2153}{\sqrt{1+0.43B_m^{12.1}}}\right)$$

　　式中，B_m 为材料磁通密度。利用 MATLAB，绘出这种材料在 $0\leqslant B_m\leqslant2.1\text{T}$ 范围的直流磁化曲线（B_m 随 H_m 变化）。

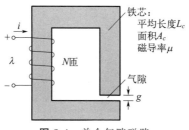

图 8-4　单个气隙磁路

解:

以下为 MATLAB 源程序:

```
Bm = linspace(0,2.1,100);                    % 生成 0 到 2.1T 的磁通密度向量
H = zeros(size(Bm));                         % 初始化磁场强度向量
u = @(Bm_i) 4 * pi * 10^-7 * (1 + 2153 / sqrt(1 + 0.43 * (Bm_i)^12.1));
                                             % 定义非线性磁导率函数

for i = 1:length(Bm)
    H(i) = Bm(i) / u(Bm(i));                 % 计算对应的磁场强度
end
plot(H,Bm);                                  % 绘制磁化曲线
xlabel('磁通密度 Bm /T');
ylabel('磁场强度 H /(A/m)');
title('直流磁化曲线');
```

程序运行结果如图 8-5 所示。

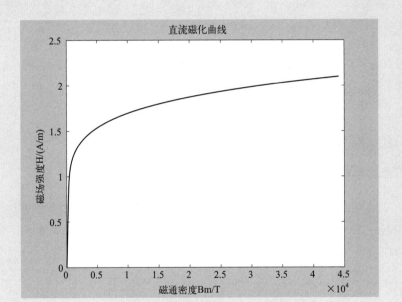

图 8-5   磁通密度与磁场强度的关系图

例 8.6   一台 150V:5A、60Hz 电流互感器,从 150A (1 次) 绕组看有如下参数:
$X_1 = 1.70 \text{m}\Omega$、$X_2 = 1.84 \text{m}\Omega$、$X_m = 1728 \text{m}\Omega$、$R_1 = 306 \mu\Omega$、$R_2' = 291 \mu\Omega$。

用 MATLAB 绘制电流值的百分数误差随负荷阻抗变化的函数曲线:

① 对于电阻性负荷,其阻值变化为 $50 \mu\Omega \leqslant R_b \leqslant 200 \mu\Omega$,请在相同的坐标轴上绘出这些曲线。

② 对于电抗性负荷,其阻值变化为 $50 \mu\Omega \leqslant X_b \leqslant 200 \mu\Omega$,请在相同的坐标轴上绘出这些曲线。

解:

以下为 MATLAB 源程序:

```
% 互感器参数
V_primary = 150;                      % 一次绕组电压,单位伏特
I_primary = 150;                      % 一次绕组电流,单位安培(这里的与常规互感
                                        器不符,通常应为大电流)

f = 60;                               % 频率,单位赫兹
X1 = 1.70e-3;                         % 二次绕组电抗 1,单位 mΩ 转换为 Ω
X2 = 1.84e-3;                         % 二次绕组电抗 2,单位 mΩ 转换为 Ω
Xm = 1728e-3;                         % 一次绕组电抗,单位 mΩ 转换为 Ω
R_primary = 306e-6;                   % 一次绕组电阻,单位 μΩ 转换为 Ω


% 误差模型(实际模型需根据互感器设计确定)
% 误差计算应根据互感器的工作原理和测量精度来定义
error_model_resistive = @(R_load) 100 * (R_load./(R_primary + R_load) - 1);
                                      % 电阻性负荷误差模型
error_model_reactive = @(X_load) 100 * (X_load./(Xm + X_load) - 1);
                                      % 电抗性负荷误差模型


% 电阻性负荷阻抗范围
R_resistive = 50e-6:0.1e-6:200e-6;    % 单位 μΩ 转换为 Ω
error_resistive = arrayfun(error_model_resistive,R_resistive);


% 电抗性负荷阻抗范围
X_reactive = 50e-6:0.1e-6:200e-6;     % 单位 μΩ 转换为 Ω,注意这里用 μΩ 作单位是
                                        为了与电阻范围匹配,但实际上是电抗
error_reactive = arrayfun(error_model_reactive,X_reactive);


% 绘制电阻性负荷的误差曲线
figure;                               % 创建新图形窗口
plot(R_resistive * 1e6,error_resistive,'r','LineWidth',2); % 将 μΩ 转换为 μΩ 以
                                        匹配题目要求
xlabel('负载阻抗 / 电阻 /\mu\Omega');
ylabel('电流测量误差百分比/%');
title('误差与负载阻抗/电阻关系');
grid on;


% 绘制电抗性负荷的误差曲线(在同一张图上)
hold on;                              % 保持当前图形以便在同一张图上绘制更多数据
plot(X_reactive * 1e6,error_reactive,'b','LineWidth',2);
```

```
                                        % 将 μΩ 转换为 μΩ(这里仅为示例,实际上电抗通常
                                          用 mΩ 表示)
legend('Resistive Load','Reactive Load');
xlabel('负载电抗 / 电阻 /\mu\Omega');% 注意这里 X 轴标签已修改为更通用的"负荷阻抗"
title('误差与负载阻抗/电阻关系');
grid on;
hold off;                               % 释放图形以便进行其他操作
```

将程序代码中 some_function_of_impedance 改为本题所需函数即可得到图 8-6 所示的结果。

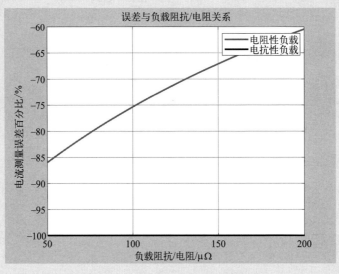

图 8-6　用 MATLAB 绘制的关系图

例 8.7　一台 150kV·A、240V：7970V、60Hz 单相配电变压器，有如下归算到高压侧的参数：$R1=2.81\Omega$，$X1=21.8\Omega$；$R2=2.24\Omega$，$X2=20.3\Omega$；$Rc=127k\Omega$，$Xm=58.3k\Omega$。

假设此变压器在其低压端提供其额定视在功率（kV·A）。编写一个 MATLAB 程序，来确定在任何给定负载功率因数（超前或滞后）下，变压器的效率及电压调整率。可以采用合理的工程近似来简化分析。用该 MATLAB 程序确定 0.92 超前性负载功率因数下的效率及电压调整率。

解：
以下为 MATLAB 源程序：

```
% 变压器参数
kVA = 150;                              % 变压器的额定容量(kVA)
V_high = 240;                           % 高压侧电压(V)
V_low = 7970;                           % 低压侧电压(V)
Frequency = 60;                         % 频率(Hz)
```

```
% 变压器的归算到高压侧的参数
R1 = 2.812;                                          % 高压侧电阻(Ω)
R2 = 2.242;                                          % 低压侧电阻(Ω)
X1 = 21.8;                                           % 高压侧电抗(Ω)
X2 = 20.3;                                           % 低压侧电抗(Ω)
Xm = 58.3;                                           % 变压器漏抗(kΩ)

% 负载功率因数(超前或滞后)
power_factor = 0.92;                                 % 超前性负载功率因数

% 计算等效阻抗
Zeq = sqrt((R1 + R2)^2 + (X1 + X2)^2);

% 计算负载电流(归算到高压侧)
load_current = kVA / (V_high * sqrt(2)) * power_factor;

% 计算一次侧电压(归算到高压侧)
V_H = V_low + (load_current * Zeq);

% 计算电压调整率
voltage_adjustment_rate = (V_H - V_low) / V_low * 100;

% 计算效率
output_power = kVA * power_factor;                   % 输出功率(W)
input_power = output_power + (load_current^2 * R1);  % 输入功率(W)
efficiency = output_power / input_power * 100;

% 输出结果
fprintf('Voltage Adjustment Rate:%.2f%%\n',voltage_adjustment_rate);
fprintf('Efficiency:%.2f%%\n',efficiency);
```

程序运行结果：

```
Voltage Adjustment Rate:0.22%
Efficiency:99.66%
```

例 8.8　一台三相 Y-△ 连接变压器，额定值为 225kV：24kV、400MV・A，有归算到其高压端的 6.08Ω 单相等效串联电抗。变压器在低压侧以 24kV（线-线）电压供给超前性功率因数为 0.89 的 375MV・A 负载。变压器通过连接到高压端、电抗为 0.17+j2.2Ω 的馈电线供电。假设负载的总视在功率保持 375MV・A 恒定，编写一个 MATLAB 程序，计算随负载功率因数的变化，为使负载线-线电压维持在 24kV，必须施加到馈电线发送端的线-线电压。绘制功率因数从 0.3 滞后到单位值再到 0.3 超前范围变化时，发送端电压随功率因数角变化的曲线。

解:

以下为 MATLAB 源程序:

```
% 定义已知参数
V_rated_low = 24e3;                      % 低压侧额定电压(V)
S_rated = 400e6;                         % 变压器额定容量(VA)
Z_t = 6.08;                              % 归算到高压端的单相等效串联电抗(Ω)
Z_line = 0.17 + 2.2i;                    % 馈电线电抗(Ω)
S_load = 375e6;                          % 负载的视在功率(VA )
V_load_target = 241;                     % 目标负载线-线电压(V)
% 定义功率因数角的范围(从 0.3 滞后到 0.3 超前)
pf_angle = linspace(-pi/6,pi/6,100);     % 角度从-30°到 30°

% 初始化变量
V_send_end = zeros(size(pf_angle));      % 用于存储发送端电压

% 计算
for k = 1:length(pf_angle)
    % 负载功率因数角为 pf_angle(k),则功率因数为 cos(pf_angle(k))
    % 根据视在功率和功率因数角计算负载电流
    I_load = S_load / (sqrt(3) * V_rated_low) / (cos(pf_angle(k)) + 1i * sin(pf_an-
gle(k)));

    % 计算变压器高压侧电压
    V_high_end = V_rated_low / sqrt(3) + I_load * Z_t;

    % 计算馈电线发送端电压
    V_send_end(k) = V_high_end + I_load * Z_line;

    % 仅保留线-线电压的有效值
    V_send_end(k) = abs(V_send_end(k)) / sqrt(3);
end

% 绘制发送端电压随功率因数角变化的曲线
figure;
plot(pf_angle/pi*180,V_send_end);        % 将角度转换为度
xlabel('Power Factor Angle(deg)');
ylabel('Sending End Voltage(V)');
title('Sending End Voltage vs. Power Factor Angle');
grid on;
```

```matlab
% 定义已知参数
V_rated_low = 24e3;                      % 低压侧额定电压(V)
S_rated = 400e6;                         % 变压器额定容量(VA)
Z_t = 6.08;                              % 归算到高压端的单相等效串联电抗(Ω)
Z_line = 0.17 + 2.2i;                    % 馈电线电抗(Ω)
S_load = 375e6;                          % 负载的视在功率(VA)
V_load_target = 241;                     % 目标负载线-线电压(V)


% 定义功率因数角的范围(从 0.3 滞后到 0.3 超前)
pf_angle = linspace(-pi/6,pi/6,100);     % 角度从-30°到 30°


% 初始化变量
V_send_end = zeros(size(pf_angle));      % 用于存储发送端电压


% 计算
for k = 1:length(pf_angle)
    % 负载功率因数角为 pf_angle(k),则功率因数为 cos(pf_angle(k))
    % 根据视在功率和功率因数角计算负载电流
    I_load = S_load / (sqrt(3) * V_rated_low) / (cos(pf_angle(k)) + 1i * sin(pf_an-
gle(k)));

    % 计算变压器高压侧电压
    V_high_end = V_rated_low / sqrt(3) + I_load * Z_t;

    % 计算馈电线发送端电压
    V_send_end(k) = V_high_end + I_load * Z_line;

    % 仅保留线-线电压的有效值
    V_send_end(k) = abs(V_send_end(k)) / sqrt(3);
end


% 绘制发送端电压随功率因数角变化的曲线
figure;
plot(pf_angle/pi * 180,V_send_end);      % 将角度转换为度
xlabel('功率因数角 /(°)');
ylabel('发送端电压 /V');
title('发送端电压随功率因数角变化的曲线');
grid on;
```

程序运行结果如图 8-7 所示。

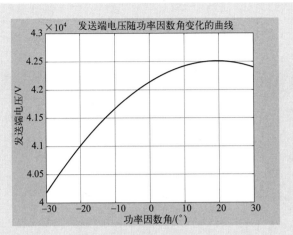

图 8-7 发送端电压随功率因数角变化的曲线

例 8.9 图 8-8 中的磁路，由叠压高度为 $h=1.8\text{cm}$ 的环状磁性材料构成。环的内径为 $R_i=3.2\text{cm}$、外径为 $R_o=4.1\text{cm}$、N 为 72 匝。其中 $g=0.15\text{cm}$。用 MATLAB 绘出，当铁芯磁导率从 $\mu_r=100$ 到 $\mu_r=10000$ 变化时，电感随铁芯相对磁导率变化的函数曲线（提示：绘出电感与相对磁导率对数的关系）。为确保电感与假设铁芯磁导率为无穷大下所计算的值之差在 5% 以内，需要的最小相对磁导率是什么值？

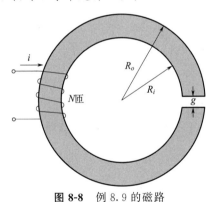

图 8-8 例 8.9 的磁路

解：

以下为 MATLAB 源程序：

```
% 定义常量
mu0 = 4 * pi * 10^-7;            % 真空磁导率 H/m
R = 0.228;                       % 平均铁芯长度 m
A = 0.0000162;                   % 铁芯横截面积 m^2
N = 72;                          % 线圈匝数
lg = 0.0015;                     % 气隙长度 m


% 定义磁导率变化范围
```

```
   mur_min = 100;
mur_max = 10000;

% 初始化电感 L 的数组
L_values = [];
% 计算每个相对磁导率下的电感
for mur = mur_min:mur_max
    % 计算铁芯磁阻
    Rc = lg / (mu0 * mur * A);
    % 计算气隙磁阻
    Rg = lg / (mu0 * A);
    % 计算总磁阻
    R = Rc+Rg;
    % 计算电感
    L = (N^2) / R;
    % 将电感值添加到数组中
    L_values = [L_values,L];
end

% 绘制电感与相对磁导率的关系曲线
figure;
plot(mur_min:mur_max,L_values);
xlabel('铁芯相对磁导率 (μ_r)');
ylabel('电感 (L)');
title('电感随铁芯相对磁导率变化的函数曲线');
grid on;
```

程序运行结果如图 8-9 所示。

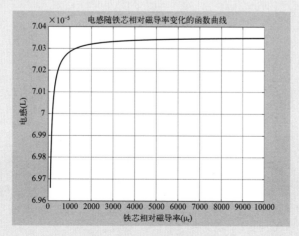

图 8-9　例 8.9 的运行结果

为确保电感与假设铁芯磁导率为无穷大下所计算的值之差在 5% 以内，需要的最小相对磁导率 μ_r 必须大于 2886。

例 8.10 图 8-10 的磁路尺寸为：$A_c = 9.3\text{cm}^2$，$l_c = 27\text{cm}$，$l_p = 2.7\text{cm}$，$g = 0.6\text{cm}$，$X = 2.3\text{cm}$，$N = 480$ 匝。

① 假设 $\mu = 3150\mu_0$，具有恒值磁导率，计算当活塞完全收回（$x = 0$）时，在气隙中得到 1.25T 的磁通密度所需的电流。

② 重做①中的计算，但铁芯及活塞由非线性材料构成，其磁导率用下式给出：

$$\mu = \mu_0 \left(1 + \frac{2153}{\sqrt{1 + 0.43B^{12.1}}}\right)$$

③ 对于②中的非线性材料，用 MATLAB 绘出 $x = 0$ 及 $x = 0.5X$ 时，气隙磁通密度随绕组电流变化的函数曲线。

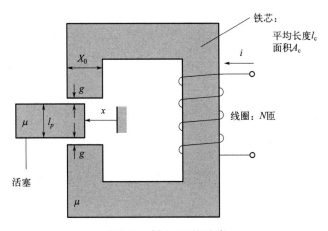

图 8-10 例 8.10 的磁路

解：

以下为 MATLAB 程序：

```
% 给定数据
A = 9.3;                    % 横截面积,cm^2
l = 27;                     % 平均长度,cm
lg = 0.6e−2;                % 气隙长度,cm 转换成 m
N = 480;                    % 匝数
x0 = 0;                     % 活塞完全收回位置
x1 = 2.3 * 0.5;            % 活塞部分伸出位置
mi0 = 4 * pi * 1e−7;       % 真空中的磁导率


% 磁通密度 B 的范围
```

```matlab
B_max = 1.5;                           % 假设气隙磁通密度最大值
B_min = 0;                             % 气隙磁通密度最小值
B_step = 0.01;                         % 磁通密度的步长
B_range = B_min:B_step:B_max;


% 初始化电流 I 数组
I_x0 = zeros(size(B_range));
I_x1 = zeros(size(B_range));


for i = 1:length(B_range)
    B = B_range(i);
    mu = mi0 * (1 + 2153 /(sqrt(1 + 0.43 * (B)^12.1)));
    mu_r = mu / mi0;

    % 计算气隙处活塞完全收回(x=0)时的电流
    I_x0(i) = B * lg / (mu * N);

    % 重新计算 μr 对应 x1 的情况
    mu_x1 = mi0 * (1 + 2153 /(sqrt(1 + 0.43 * (B / mu_r)^12.1)));

    % 计算气隙处活塞部分伸出(x=0.5X)时的电流
    I_x1(i) = B * (lg + x1) / (mu_x1 * N);
end


% 绘制时需要将电流从 A 转换成 mA
I_x0_mA = I_x0 * 1e3;
I_x1_mA = I_x1 * 1e3;


% 绘图
figure;
plot(B_range,I_x0_mA);
hold on;
plot(B_range,I_x1_mA);
hold off;
xlabel('气隙磁通密度 B /T');
ylabel('绕组电流/mA');
legend('x=0','x=0.5X');
title('气隙磁通密度随绕组电流变化的函数曲线');
grid on;
```

程序运行结果如图 8-11 所示。

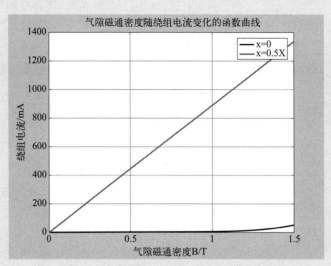

图 8-11   气隙磁通密度随绕组电流变化的函数曲线

例 8.11   一台 13.8kV∶120V、60Hz 电压互感器, 对高压 (一次侧) 绕组进行测量, 参数为: $X_1 = 6.88\text{k}\Omega$、$X_2' = 7.59\text{k}\Omega$、$X_m = 6.13\text{M}\Omega$、$R_1 = 5.51\text{k}\Omega$、$R_2' = 6.41\text{k}\Omega$。连接到 13.8kV 电源。

用 MATLAB 绘出电压值的百分数误差随负荷阻抗值变化的函数曲线: a. 对于电阻性负荷, 其阻值变化为 $100\Omega \leqslant R \leqslant 2000\Omega$; b. 对于电抗性负荷, 其阻值变化为 $100\Omega \leqslant X \leqslant 2000\Omega$。在相同的坐标轴上绘出这些曲线。

而后再绘出以度表示的相位误差随负荷阻抗值变化的函数曲线: a. 对于电阻性负荷, 其阻值变化为 $100\Omega \leqslant R \leqslant 2000\Omega$; b. 对于电抗性负荷, 其阻值变化为 $100\Omega \leqslant X \leqslant 2000\Omega$。同样, 在相同的坐标轴上绘出这些曲线。

解:

以下为 MATLAB 源程序:

```
% 定义电压互感器参数
V1 = 13.8e3;                    % 一次侧电压
X1 = 6.88e3;                    % 漏抗 X1
X2 = 7.59e3;                    % 漏抗 X2
Xm = 6.13e6;                    % 励磁阻抗 Xm
R1 = 5.51e3;                    % 电阻 R1
R2 = 6.41e3;                    % 电阻 R2
N1 = 1;                         % 一次侧匝数 (假设)
N2 = 138000 / 120;             % 二次侧匝数 (根据变比计算)

% 定义负荷阻抗范围
ZL_range = 100:2000;
```

```matlab
    % 初始化误差数组
    voltage_error = zeros(size(ZL_range));
    phase_error = zeros(size(ZL_range));

    % 计算误差并存储结果
    for i = 1:length(ZL_range)
        ZL = ZL_range(i);                          % 当前负荷阻抗

        % 计算等效阻抗
        Zeq = (R2 + j * X2) + (N1^2 / N2^2) * (R1 + j * X1) + (N1^2 / N2^2) * Xm;

        % 计算二次侧电压
        V2 = V1 * (N2 / N1) / (Zeq + ZL);

        % 计算理想二次侧电压(忽略励磁电流)
        V2_ideal = V1 * (N2 / N1);
        % 计算电压值百分数误差
        voltage_error(i) = abs((abs(V2) - abs(V2_ideal)) / abs(V2_ideal)) * 100;

        % 计算相位误差(这里假设相位误差是电压向量之间的角度差)
        phase_error(i) = rad2deg(angle(V2) - angle(V2_ideal));
    end

    % 绘制电压值百分数误差曲线
    figure;
    subplot(2,1,1);
    plot(ZL_range,voltage_error);
    xlabel('负荷阻抗 /Ω');
    ylabel('电压值百分数误差 /%');
    title('电压值百分数误差随负荷阻抗的变化');

    % 绘制相位误差曲线
    subplot(2,1,2);
    plot(ZL_range,phase_error);
    xlabel('负荷阻抗 /Ω ');
    ylabel('相位误差 /(°)');
    title('相位误差随负荷阻抗的变化');
```

程序运行结果如图 8-12 所示。

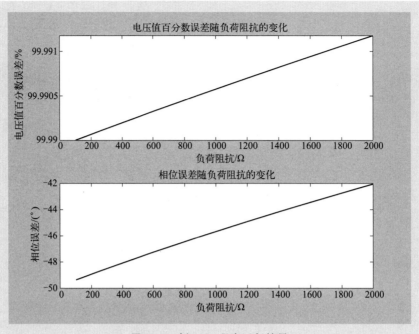

图 8-12   例 8.11 程序运行结果

例 8.12   一个 800:5A、60Hz 电流互感器有如下参数值（归算到 800A 绕组）：

$X_1 = 44.8\mu\Omega$、$X_2' = 54.3\mu\Omega$、$X_m = 17.7\text{m}\Omega$、$R_1 = 10.3\mu\Omega$、$R_2' = 9.6\mu\Omega$。

假设大电流绕组带有 800A 的电流，如果负载阻抗为纯电阻性，$R_b = 2.5\Omega$，计算低电流绕组中电流的量值大小和相对相位。

解：

已知 800A 及 $R_b' = (N_1/N_2)^2 R_b = 0.097\text{m}\Omega$，就可以根据式：

$$\frac{I_2}{I_1} = \frac{N_1}{N_2} \times \frac{\text{j}X_m}{Z_b' + R_2' + \text{j}(X_2' + X_m)}$$

求出二次侧电流。用 MATLAB 程序得出：

$$I_2 = 4.98\text{A}\angle 0.346°$$

MATLAB 源程序：

```
clc
clear

% CT 参数
R_2p = 9.6e-6;
X_2p = 54.3e-6;
X_m = 17.7e-3;

N_1 = 5;
N_2 = 800;
```

```
 N = N_1/N_2;

% 负载阻抗
R_b = 2.5;
X_b = 0;
Z_bp = N.^2 * (R_b + j*X_b);

% 二次侧电流
I1 = 800;
I2 = I1 * N * j * X_m / (Z_bp + R_2p + j *(X_2p + X_m));

magI2 = abs(I2);
phaseI2 = 180 * angle(I2)/pi;

fprintf('\nSecondary current magnitude = %g[A]',magI2)
fprintf('\n and phase angle = %g[degrees]\n',phaseI2)
```

程序运行结果：

```
   Secondary current magnitude = 4.98462[A]
   and phase angle = 0.346128[degrees]
```

第9章

MATLAB/SIMULINK在电力变压系统中的综合应用分析

9.1 基于 DA-GRU 网络的电力变压器绕组温度的预报研究

随着电力系统的不断发展，电力变压器的稳定运行对于整个电力网络的可靠性至关重要。作为其运行状态的核心指标，电力变压器绕组温度直接关联其使用时长和性能表现。因此，精确预测电力变压器绕组温度对于预防潜在故障和增强电力网络的稳定性具有显著意义。本节提出了一种基于门控循环单元（gate recurrent unit，GRU）神经网络的电力变压器绕组温度预测方法。首先，通过预处理和特征提取，构建了一个包含丰富输入变量的数据集，这些变量能够全面反映电力变压器的运行状态；利用 GRU 神经网络对时间序列数据进行深度训练学习和建模，以捕捉数据中的时序相关性和复杂的非线性关系。通过模型的训练和调节，成功实现了对电力变压器绕组温度的精准预测。在此基础上，使用蜻蜓优化算法（dragonfly algorithm，DA）改进传统的 GRU 模型，实验结果表明，基于 DA-GRU 神经网络的预测方法不仅具有更高的预测精度，而且在稳定性方面也有显著提升，能够有效预测电力变压器绕组温度的变化趋势。本节的研究工作不仅为电力变压器的安全运行提供了有效的技术支持，也为类似的预测问题提供了新的解决方案。

9.1.1 电力变压器工作原理

变压器，作为一种关键的静态电力设备，其主要功能在于实现交流电与电压的转换以及交流电的传输。它基于电磁感应原理工作，确保了电力传输的稳定与高效。同时电力变压器扮演着核心角色，它是能源传输与分配中不可或缺的装置，直接服务于用户的能源需求。

功率转换器作为一种静态电力装置，其核心功能是将特定交流电压（电流）值有效地转换为一个或多个相同频率的电压（电流）值。在操作中，当交流电源作用于功率转换器的主绕组时，借助铁芯的磁导作用，电流会在次级绕组中被精确地感应产生。这种二次感应的电流强度（安培数）与主、次级绕组的匝数比，即电压与匝数之间的比例关系，呈现出正相关的特性。这一机制确保了功率转换器在电力转换过程中的高效性和准确性。它的主要功能是传递功率，所以它的主要参数是额定功率。额定功率是以千伏安或兆伏安为单位的理论功率值，其中额定电流是在规定条件下对变压器施加额定电压，且不超过温升限值时所确定的电流值。在改动过程中，在保证非晶合金铁芯本身不受外力影响外，其特性参数也必须准确、合理地选用。图 9-1 为变压器空载运行。

变压器的空载运行状态，具体表现为变压器的初级绕组与具有额定电压和频率的电源相连接，而次级绕组则处于开路状态。在空载条件下，主要的磁场形成源于初级侧电流的流通。一旦额定电压施加于初级绕组，次级绕组上的电压即为空载状态下的额定次级电压。这种用于产生主磁场的电流被称为励磁电流，它在变压器内部产生的能量损失被称为空载损耗。在变压器空载时，初级侧从电源中仅汲取少量的有功功率，这些功率主要用于在初级绕组中产生铁损和铜损。由于空载电流和初级绕组中的铜损耗非常小，空载损耗大约等于铁损耗。

负载运行是指当初级绕组与额定电压和频率的电源相连，次级绕组与负载相连时，变压器的工作状态，如图 9-2 所示。

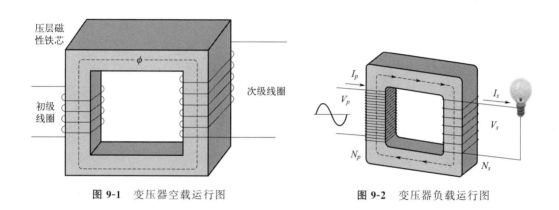

图 9-1　变压器空载运行图　　　　　　**图 9-2**　变压器负载运行图

当变压器在负载下运行时，初级和次级电流可以分为激励部分和负载部分。电磁耦合连接着初级和次级，次级电流的任何变化都会引起初级电流的变化，这是电磁耦合。

9.1.2　电力变压器油温特性

依据国标 GB/T 1094.1—2013《电力变压器　第 1 部分：总则》的相关规定，电力变压器的温度参数有如下定义。

最高温度限制为 +40℃；而年平均温度的最高限制则设定为 +20℃；至于最低温度，对于室外型变压器，其限制为 -20℃，而室内型变压器则为 -5℃。此外，水冷器入口的温度标准被设定为 +25℃。

在监测运行中变压器的温度时，主要关注的是上层油温，若变压器配备了线圈温度计，还需同时监测线圈温度。这些温度参数的监测对于确保变压器的安全运行至关重要。通常对这两个温度进行检查和分析，以提供对变压器性能的基本评估，确保变压器的正常运行。

在变压器的运行中，油温的上限被严格设定以保障其稳定运行。对于自冷和风冷变压器，油温的上限一般设定为 95℃，但为了预防变压器油过快老化，通常会将控制阈值下调 10℃，即最高控制在 85℃。此外，为了及时预警，每个运行单元在油温达到 80℃ 时会触发报警机制。

而对于重油循环变压器，其油温的控制更为严格。同样地，为了确保稳定运行，将油温上限在降低 10℃ 的前提下控制在 75℃ 以下。在此基础上，每个运行单元在油温达到 70℃ 时也会触发报警，以确保及时发现并处理潜在的异常情况。

绕组温度的常规限制值：在变压器中，绕组温度计的设置用于监测绕组内部的最高温度点，一般而言，绕组温度的最高安全范围设定在 95～100℃ 之间。为确保变压器的稳定运行，通常设定在绕组温度达到 90～95℃ 时触发报警机制。此外，关于变压器部分温升的极限值，依据国家标准 GB/T 1094.2—2013《电力变压器　第 2 部分：液浸式变压器的温升》的规定进行设定。温升极限的计算方法是：最高温度减去环境温度，所得结果即为允许的最大温升值。

9.1.3　绕组温度对电力变压器的影响

变压器的性能表现和持久性，在很大程度上受其内部组件的健康状况的影响，尤其是绕组温度的高低。因此，在评估油浸变压器的热稳定性及绝缘持久性时，精确预测绕组温度显得尤为重要。绕组温度对变压器的热应力产生显著影响，特别是当绕组温度异常升高时，将促使绝缘材料加速老化，热应力会削弱绝缘性能，从而导致短路或增大其他故障发生的风险。此外，温度的变化还会引发热膨胀与收缩现象，导致绕组尺寸发生变化，可能引起结构变形或松动，进而削弱变压器的机械稳定性。此外，绕组温度过高会促使变压器油老化，产生酸性物质和其他有害分解产物，影响变压器油的冷却和绝缘。

因此，绕组温度被视为评估变压器热老化状态的关键参数之一。它的重要性不仅体现在对剩余绝缘寿命的精确计算与评估上，更为制定科学、合理的变压器运行策略和维护周期提供了坚实的依据。

9.1.4　神经网络的基本理论

（1）神经网络基本结构

神经网络基本上由输入层、隐藏层、输出层三个部分构成，如图 9-3 所示。输入层作为神经网络的"感官"，主要负责接收外部输入的数据。隐藏层作为网络的内部处理机构，一般是一个或多个，每层包含许多神经元，这些神经元通过加权链接处理数据。输出层作为神经网络的"行动"机构，将处理的结果输出。

（2）神经网络的基本运行原理

人工神经网络，作为一种计算模型，其设计灵感来源于动物大脑中生物神经网络的结构与功能。它由众多相互关联的人工神经元单元构成，这些单元模拟了大脑中神经元的基本特性。这些人工神经元接收来自相连神经元的信号，进行处理后再传递至其他神经元。信号的强度，即连接的权重，是通过学习过程进行动态调节的。神经网络通常以多层形式组织，各层对输入数据进行逐层转换。从输入层到输出层，信号可能会历经多个隐藏层。当网络结构

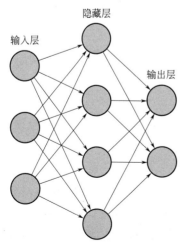

图 9-3　神经网络结构图

中至少包含两个隐藏层时，称之为深度神经网络，以强调其复杂性和数据处理能力。

在训练阶段，神经网络通过迭代更新其参数来学习标记的训练数据，目的是使定义的损失函数达到最小化。这种方法使网络能够泛化到未见过的数据，并执行诸如预测建模、自适应控制和人工智能中的问题解决等任务。在神经网络的结构中，每一层的神经元都接收来自前一层神经元的信号输入。这些输入信号首先经过权重的调整与求和运算，随后通过激活函数的非线性转换产生相应的输出。这一输出随后作为后续层级神经元的输入数据，经过层级的连续传递与计算，直至最终通过输出层生成整个神经网络的预测或决策输出。这一过程充分展现了神经网络在逐层传递和计算中的卓越学习能力。

神经网络通过学习不同层间连接的权重和偏差，以便能够准确地对输入数据进行分类、识别模式或进行预测。通过反向传播算法，神经网络能够根据预测结果的误差不断调整权重和偏差，提高预测准确性。上述过程在多次迭代中重复执行，每次迭代都会调整权重和偏置，从而让网络逐渐逼近期望的函数。这个过程通常会使用一种优化算法，如梯度下降，来指导如何调整参数以最小化总误差。

（3）神经网络的基本训练过程

神经网络预测方案分析可以从多个方面进行，这不仅涉及模型的选择和设计，还包括数据预处理、模型训练、评估和部署等多个步骤。

首先要明确预测任务的类型，这通常涵盖分类问题、回归问题以及序列预测问题等多种类型。接着，要清晰地界定预测模型所应解决的具体业务问题和期望达成的目标。在此基础上，进行数据的收集与预处理工作，这是后续分析的关键步骤。数据的来源可以多样化，包括内部数据库、公开数据集，甚至可以通过网络爬虫等技术手段进行收集。数据需要进行数据清洗，处理缺失值、异常值并去除噪声数据，通常用数据标准化、归一化、主成分分析等对数据进行深入分析。图 9-4 为神经网络的训练流程。

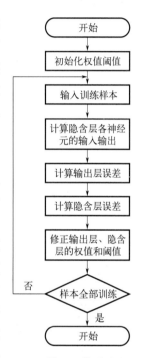

图 9-4　神经网络训练流程

9.1.5　神经网络模型

（1）LSTM 神经网络模型

LSTM 是 RNN 的一个衍生模型，其诞生旨在解决传统 RNN 在处理长序列数据时遭遇的梯度不稳定问题。传统 RNN 在训练过程中依赖时序反向传播算法，然而，当序列长度增加时，梯度在反向传播过程中会出现急剧衰减的现象，这种现象以指数级的速度下降，被业界广泛称为梯度消失问题。梯度消失现象会导致网络权重的更新变得迟缓，进而显著限制 RNN 模型在处理长序列数据时的性能表现。LSTM 的引入有效地缓解了这一问题，为处理长序列数据提供了更为稳健和高效的解决方案。RNN 和 LSTM 的主要区别在于，在 LSTM 的上层有一个额外的信息传输通道，信息实际上被储存在这里。LSTM 的内部结构如图 9-5 所示。

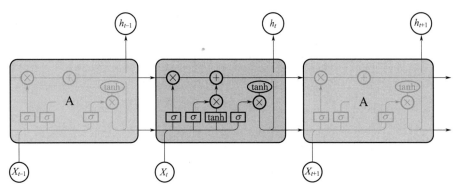

图 9-5　LSTM 内部结构

① 遗忘门：选择忘记过去某些信息

$$f_t = \sigma(\boldsymbol{W}_f \cdot [h_{t-1}, x_t] + b_f) \tag{9.1}$$

② 记忆门：记忆现在某些信息

$$C_t^l = \tanh(\boldsymbol{W}_f \cdot [h_{t-1}, x_t] + b_c) \tag{9.2}$$

③ 输出门：顾名思义，就是 LSTM 单元用于计算当前时刻的输出值的神经层。输出层是先将当前输入值与上一时刻输出值整合后的向量。

$$O_t = \sigma([h_{t-1}, x_t] \boldsymbol{W_o} + b_o)$$
$$h_t = O_t \tanh(C_t) \tag{9.3}$$

在深度学习的领域中，LSTM 作为处理序列数据的经典模型，其应用尤为广泛。其独特之处在于，LSTM 通过设计的门控机制来调控信息的流通，从而有效地捕捉长序列数据中的长期依赖关系，克服了传统 RNN 在处理此类问题时容易遇到的梯度消失或梯度爆炸的难题。这一机制确保了 LSTM 在处理复杂序列任务时，能够展现出更优越的性能。LSTM 网络借助其门控单元结构，在反向传播过程中能够高效地传递梯度信息，有效防止了梯度消失的问题，从而显著增强了深层网络的训练效果。这种设计赋予了 LSTM 模型出色的记忆能力，使其在处理长期依赖关系时表现卓越，进一步提升了其在深度学习领域的应用价值。

同时，LSTM 网络也有一些缺陷，LSTM 相对于普通的 RNN 网络来说，具有更复杂的结构和计算过程，这会导致训练和推理的计算代价较高，特别是在处理长序列数据时。由于 LSTM 网络的结构中存在依赖关系，如遗忘门、输入门、输出门等，会导致难以有效地进行并行计算，限制了其在 GPU 等硬件加速上的性能表现。LSTM 网络中的记忆单元存在内部状态限制，可能会造成信息丢失或信息冗余的问题，影响网络的记忆能力和表示能力。虽然 LSTM 网络设计用于解决梯度消失/爆炸的问题，但在实际应用中仍然存在难以捕捉长期依赖关系的情况，特别是在处理非常长的序列数据时。LSTM 网络在处理小样本数据时，存在过拟合的风险，需要通过合适的正则化方法来缓解这一问题。

所以，在本次对变压器绕组温度预测中，采用了基于 LSTM 模型优化过的 GRU 模型进行预测。

（2）GRU 神经网络模型

与 LSTM 相似，GRU 同样具备输入和遗忘特定特征的门控机制，但其结构更为简洁，省略了上下文向量和输出门，因此其参数数量相对 LSTM 较少。在多声部音乐建模、语音信号分析以及自然语言处理等多项任务中，GRU 均展现出了令人满意的性能表现。GRU 中完全门控单元的架构包括更新门向量、重置门向量、输入向量、输出向量、候选激活向量、参数矩阵和激活函数。完全门控单元有不同的变体，包括最小门控单元和轻量门控循环单元（LiGRU），它们去除了重置门，以 ReLU 激活代替了 tanh，并应用了批量标准化。GRU 是 LSTM 的一个简化变体，GRU 的设计初衷是为了解决标准 RNN 在处理长序列时容易遇到的梯度消失的问题。尽管 GRU 在结构上与 LSTM 有所不同，但两者的核心理念相通，即利用门控机制来控制信息的流动，以便更好地捕捉序列数据中的长期依赖关系。

GRU 的原理在于通过设计的门控机制来调控信息的流入、记忆以及输出，从而达到准确的预测，表达式如下：

$$z_t = \sigma(\boldsymbol{W_z} \cdot [h_{t-1}, x_t]) \tag{9.4}$$

$$r_t = \sigma(\boldsymbol{W_r} \cdot [h_{t-1}, x_t]) \tag{9.5}$$

$$\tilde{h}_t = \tanh(\boldsymbol{W} \cdot [r_t h_{t-1}, x_t]) \tag{9.6}$$

$$h_t = (1 - z_t) h_{t-1} + z_t \tilde{h}_t \tag{9.7}$$

式中，z_t 是门控更新信号，z_t 的大小决定了候选隐含状态的记忆的程度；h_{t-1} 为历史隐含状态；x_t 代表 t 时刻的输入数据；$\boldsymbol{W_z}$ 为权重矩阵；σ 是 sigmoid 函数；r_t 是重置信号，重置门决定保留的历史信息量，重置信号的值越大反映出历史信息量越多；$\boldsymbol{W_r}$ 为权重矩阵；h_t 是隐含输出状态，在更新门和重置门的作用下即可更新。

上式中，候选隐含状态负责融合输入数据和历史数据的信息特征，该操作与重置门得到的重置信号 r_t 有关。而 h_t 代表当前时刻最终单元状态，其包括遗忘和记忆两个过程，$1 - z_t$ 与上时刻隐含状态 h_{t-1} 的乘积表示遗忘过程，z_t 越接近 1，则将遗忘上时刻越多信息。z_t 与候选隐含状态的乘积表示记忆过程，z_t 大小决定了候选隐含状态的记忆程度，也就是保留之前多少的隐含状态。以上过程也即加入多少新记忆，就要忘记多少老记忆，GRU 模型的原理图如图 9-6 所示。

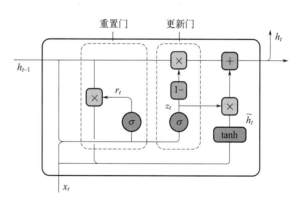

图 9-6　GRU 模型原理图

9.1.6　基于 GRU 网络模型的变压器绕组温度预报

（1）建立数据集

选取苏州市吴江区某小区一变压器共计 1300 条数据为样本，表 9-1 为部分绕组温度数据。

表 9-1   部分绕组温度数据

编号	绕组温度/℃	编号	绕组温度/℃
1	74.7	12	60.3
2	71.5	13	59.5
3	70.8	14	62.7
4	68.4	15	63.9
5	65.0	16	68.2
6	64.3	17	70.6
7	63.7	18	69.4
8	60.1	19	68.4
9	58.6	20	71.1
10	57.7	⋮	⋮
11	59.4	⋮	⋮

（2）数据预处理

将数据集归一化处理，使之落在 [0,1] 之间，此处理有助于加快学习算法的收敛速度，减少训练的梯度问题，避免神经元饱和等。归一化公式如下：

$$x' = \frac{x - \min(x)}{\max(x) - \min(x)} \tag{9.8}$$

采用式(9.8)，对表 9-1 绕组温度数据进行归一化处理，得到部分归一化后绕组温度数据，见表 9-2。

表 9-2   部分归一化后的绕组温度数据

编号	归一化数据	编号	归一化数据
1	0.8066	12	0.1273
2	0.6557	13	0.0896
3	0.6226	14	0.2406
4	0.5094	15	0.2972
5	0.3491	16	0.5000
6	0.3160	17	0.6132
7	0.2877	18	0.5566
8	0.1179	19	0.5094
9	0.0471	20	0.6368
10	0.0047	⋮	⋮
11	0.0849	⋮	⋮

从数据集中随机抽取 80% 的样本作为训练样本数据集，剩余的 20% 样本作为独立的测试集，用于评估模型的泛化能力和性能。最后，在训练过程中通过反向误差传播算法来逐步调整和优化网络参数，依次迭代至损失函数收敛，即模型的预测误差达到预设的阈值或无法再显著降低为止。代码实现如下：

```
load temp.mat temp
temp_1＝temp(:,1:1300)＋25;
%temp_1 = (temp － min(temp))./(max(temp) － min(temp));        %归一化
num_samples ＝ length(temp_1);
f_＝1;
data ＝ temp_1(1:end－1)';
output ＝ temp_1(2:end)';
train_number ＝ floor(size(data,1) * 0.8);                    %训练集样本数 80%
test_number ＝ size(data,1) － train_number ＋ 1;
```

（3）基于 GRU 的仿真实验

用 MATLAB 软件工具，建立 GRU 网络模型，定义 GRU 模型的结构，表 9-3 是设置的主要参数。

表 9-3　主要参数表

参数	参数值
输入维度	1
输出维度	1
最大迭代次数	100
初始学习率	0.001
梯度下降	128
学习率下降	125
下降因子	0.2

设置完参数后，对 GRU 模型进行训练，在经过 100 的迭代后，可以发现误差和损失下降到了最低，如图 9-7 所示。

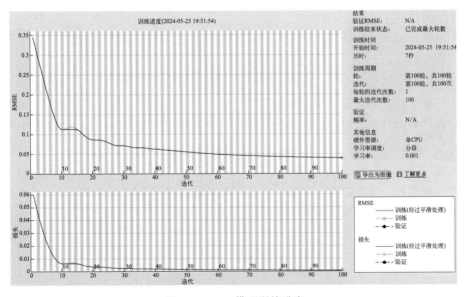

图 9-7　GRU 模型训练进度

随着 GRU 模型训练结束，可以得到真实温度与 GRU 模型预测温度的对比图，如图 9-8 所示。

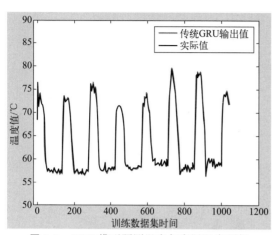

图 9-8　GRU 模型预测温度与实际温度预报

（4）GRU 模型的优点和缺陷

GRU 中完全门控单元的架构包括更新门向量、重置门向量、输入向量、输出向量、候选激活向量、参数矩阵和激活函数。GRU 以其简化的结构脱颖而出，相较于 LSTM 的复杂设计遗忘门、输入门和输出门，GRU 仅采用两门机制，即更新门和重置门，这使得其结构更加精简。这种简化不仅加快了模型的训练速度，还显著降低了计算成本。此外，GRU 的简化结构导致其参数数量通常少于 LSTM，这不仅降低了对硬件的要求，还在一定程度上减小了过拟合的风险，特别是在数据集规模较小时表现尤为明显。由于参数数量减少，GRU 在训练过程中能够更快地收敛，这使得在实际应用中，GRU 模型能够更为高效地利用时间和计算资源。尽管 GRU 的结构相对简单，但在众多任务中，其性能却能与 LSTM 相媲美，甚至在某些场景下超越 LSTM。

同时，GRU 模型也存在一些缺点，GRU 网络与传统的 RNN 相比，有更多的参数和层数，这使得它们更为复杂且更难以训练。这种复杂性可能导致更长的训练时间和更高的数据过拟合风险。GRU 模型对初始条件十分敏感，需要仔细地初始化和正则化，以防止网络在训练过程中发散。

9.1.7　基于 DA-GRU 模型的变压器绕组温度预测

（1）蜻蜓算法

蜻蜓算法是一种新的群体智能元启发式优化算法，其灵感来源于自然界中人工蜻蜓的动态和静态群集行为。

根据自然界中蜻蜓的习性，在静态群中，蜻蜓被划分为多个子群在多个区域内寻找飞行猎物，静态蜻蜓的主要特征是局部移动和飞行路线的突然改变。在动态蜻蜓中，许多蜻蜓成群结队向同一方向移动。因此蜻蜓的静态群体对应着算法的全局搜索，动态群体对应着算法的局部开发。DA 算法的迅游机制可以表示为蜻蜓群体的分离、对齐、聚集、捕食和逃避天敌五个方面，如图 9-9 所示。

分离：分离行为是指避免一个蜻蜓与另一个蜻蜓之间的碰撞。蜻蜓个体距离太近会降低寻优速率，公式表述为：

$$S_i = -\sum_{j=1}^{N}(X - X_j) \tag{9.9}$$

式中，S_i 表示蜻蜓的分离程度；X 表示蜻蜓当前的位置；X_j 表示第 j 个相邻蜻蜓的位置；N 表示相邻个体的数量。

对齐：表示某个蜻蜓与另一个相邻的蜻蜓个体速度相等的程度。公式如下：

$$A_i = \frac{\sum\limits_{j=1}^{N} V_j}{N} \tag{9.10}$$

式中，A_i 表示蜻蜓 i 的对齐程度；V_j 表示相邻蜻蜓个体的飞行速度；N 表示相邻个体的数量。

聚集：代表蜻蜓倾向于集中在靠近其附近最大的蜻蜓群体的地方。公式如下：

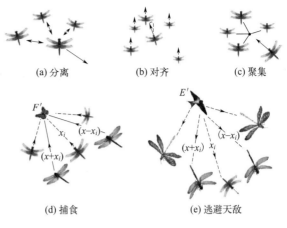

(a) 分离　　(b) 对齐　　(c) 聚集

(d) 捕食　　(e) 逃避天敌

图 9-9　在蜻蜓群体中个体的位置更新

$$C_i = \frac{\sum\limits_{j=1}^{N} X_j}{N} - X \tag{9.11}$$

捕食：蜻蜓聚拢成小队之后进行捕食，算法中的食物表示最佳个体在某次迭代计算中的位置。公式如下：

$$F_i = X^+ - X \tag{9.12}$$

式中，F_i 表示蜻蜓食物的吸引程度；X^+ 表示当前迭代计算中最优的蜻蜓位置。

逃避天敌：指蜻蜓个体在捕食过程中逃避天敌的行为，在算法中指蜻蜓个体要尽可能远离最差的蜻蜓个体，提高蜻蜓整体的寻优效率。公式如下：

$$E_i = X^- + X \tag{9.13}$$

式中，E_i 表示蜻蜓天敌的驱散程度；X^- 表示当前迭代计算中位置最差的蜻蜓个体。

蜻蜓个体飞行位置更新步长和蜻蜓位置更新公式如下：

$$\Delta X_{i+1} = (sS_i + aA_i + cC_i + fF_i + eE_i) + \omega \Delta X_t \tag{9.14}$$

$$X_{t+1} = X_t + \Delta X_{t+1} \tag{9.15}$$

式中，s 表示分离因子；S_i 表示第 i 个蜻蜓与其他蜻蜓的分离程度；a 表示蜻蜓的对齐因子；A_i 表示第 i 个蜻蜓与其他蜻蜓的对齐程度；c 表示蜻蜓的聚集因子；C_i 表示第 i 个蜻蜓与其他蜻蜓的聚集程度；f 表示蜻蜓的食物因子；F_i 表示食物对第 i 个蜻蜓的吸引程度；e 表示蜻蜓的天敌因子；E_i 表示第 i 个蜻蜓对天敌的逃避程度；t 表示当前迭代次数；ω 表示惯性权重；X_t 表示当前迭代次数蜻蜓种群所在的位置；X_{t+1} 表示下一时刻蜻蜓种群的位置；ΔX_{i+1} 表示更新步长。蜻蜓群体优化过程如图 9-10 所示。

（2）DA-GRU 模型建立

1）建立模型及训练模型

Adam（adaptive moment estimation）是一种优化算法，它由 D. P. Kingma 和 J. L. Ba 于 2014 年提出，在深度学习模型的训练中，Adam 优化器被广泛应用于调整神经网络的权重。该优化器融合了 momentum（动量）和 RMSprop（均方根反向传播）两种算法的核心思想，通过计算梯度的一阶矩估计（即均值）和二阶矩估计（即非中心化方差）来动态调整学习率。Adam 的自适应学习率特性使其能够应对各种数据和参数类型，从而在多种条件下

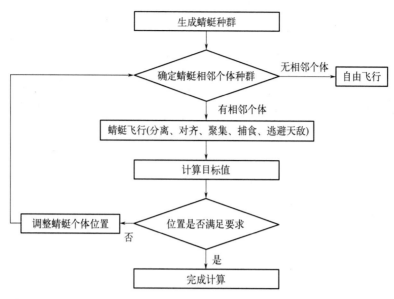

图 9-10   蜻蜓群体优化过程的流程图

实现更加高效和准确的参数更新。代码如下：

```
SearchAgents_no = 3;
Max_iteration = 10;
dim = 3;                    % 优化参数个数
lb = [1e-3,10,1e-4];       % 参数取值下界(学习率,隐藏层节点,正则化系数)
ub = [1e-1,200,1e-1];      % 参数取值上界(学习率,隐藏层节点,正则化系数)
fitness = @(x)fical(x,p_train,t_train,f_);
```

    这里采用 Adam 优化器，选择 GRU 网络加全连接层，使用 DA 算法对 GRU 模型的参数进行全局寻优。在不断地迭代过程中，使得结果逼近最优解。图 9-11 为 DA-GRU 训练流程。

2）模型评估

    在选择 GRU 模型评估指标时，应当基于其应用场景来精准定制。对于回归问题，本节借助一系列统计指标来综合评估模型的性能，一般使用均方误差（mean-square error，MSE）、均方根误差（root mean square error，RMSE）、平均绝对误差（mean absolute error，MAE）、决定系数（coefficient of determination，R^2）等指标。

    RMSE 为均方根误差，能够有效地量化预测值与真实值之间的偏离程度，从而提供了一个衡量机器学习模型预测精度的有效标准。其数学表达式如下：

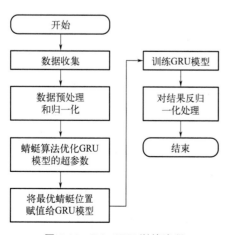

图 9-11   DA-GRU 训练流程

$$RMSE = \sqrt{\frac{1}{m}\sum_{i=1}^{m}(y_i - \widehat{y}_i)^2} \qquad (9.16)$$

$RMSE$ 是衡量模型预测值与真实值之间误差的一种常用方式，通过对 $RMSE$ 的计算及对比可以有效评估模型的性能，从而进一步发现模型本身存在的优势。

MAE 是回归模型评估中的一种关键误差度量指标。这一方法主要关注预测值与实际值之间的偏差，并计算这些偏差绝对值的平均值，从而忽略预测误差的正负方向。其数学表达式如下：

$$MAE = \frac{1}{n}\sum_{i=1}^{n}|\widehat{y}_i - y_i| \qquad (9.17)$$

R^2 是评估回归模型拟合度的指标之一，能够有效地衡量自变量对因变量变异的解释程度。这一比例直观地反映了回归模型的解释能力。决定系数的取值范围严格限定在 0~1 之间，具体而言，当 R^2 趋近于 1 时，它标志着回归模型在解释因变量变异性方面表现出色，即自变量对因变量的影响显著。相反，若 R^2 值趋近于 0，则表明回归模型在解释因变量变异性方面存在不足，自变量的解释力度较弱。数学表达式如下：

$$R^2 = 1 - \frac{\displaystyle\sum_{i=1}^{n}(y_i - \widehat{y}_i)^2}{\displaystyle\sum_{i=1}^{n}(y_i - \overline{y})^2} \qquad (9.18)$$

3）基于 DA-GRU 神经网络的变压器绕组温度预报

在建立 GRU 模型的基础上，导入数据对其封装，步骤有训练集和测试集的划分、数据的归一化处理、最大迭代次数的和学习率的选择。在进行训练后可以预测得到绕组的温度。由于本次仿真还需要进行 DA 算法的 DA-GRU 模型改进，本节再调用 DA 函数并设置初始参数即蜻蜓数量（total population）、寻优上限（upper bound）、寻优下限（lower bound）、寻优参数维度（dim）等。还需要更新参数 w 惯性权重，s 分离权重，a 对齐权重，c 内聚权重，f 猎物吸引权重，e 天敌规避权重。DA-GRU 部分改进代码如下：

```
s=2 * rand * my_c;   % Seperation weight
a=2 * rand * my_c;   % Alignment weight
c=2 * rand * my_c;   % Cohesion weight
f=2 * rand;          % Food attraction weight
e=my_c;              % Enemy distraction weight
```

仿真采用 GRU 神经网络和改进的 DA-GRU 进行对比，图 9-12 为 DA-GRU 的训练进度，其最优学习率调整为 0.04。通过仿真后的图 9-13、图 9-14 和图 9-15 比较可以发现依据改进后的 DA-GRU 网络误差更小。

（3）GRU 和 DA-GRU 的预测误差

从仿真结果可以发现传统的 GRU 和改进的 DA-GRU 网络都可以有效预测系统的温度，但是通过对比两者发现，传统的 GRU 网络模型的误差更大，本节采取计算 MSE、$RMSE$、R^2 的方法来判定误差。通过表 9-4 对比了 DA-GRU 和 GRU 预测结果。

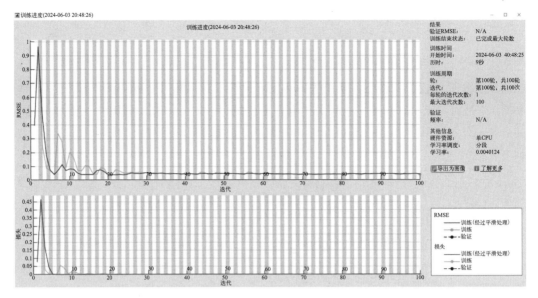

图 9-12　DA-GRU 训练进度

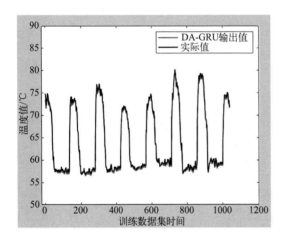

图 9-13　DA-GRU 网络训练集预报结果

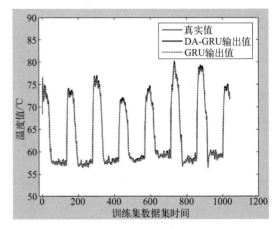

图 9-14　传统 GRU 和 DA-GRU 网络训练集预报结果

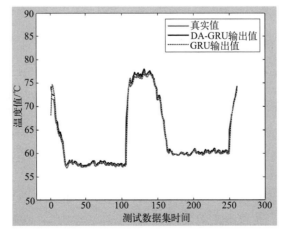

图 9-15　传统 GRU 和 DA-GRU 网络测试集预报结果

表 9-4　DA-GRU 和 GRU 误差情况

项目	算法类型	$RMSE$	MAE	R^2
测试集误差指标	GRU	0.92922	0.48427	0.98355
训练集误差指标	DA-GRU	0.84801	0.49751	0.9863
测试集误差指标	GRU	1.0528	0.50572	0.97597
训练集误差指标	DA-GRU	0.94543	0.51903	0.98062

DA-GRU 的预测输出误差如图 9-16 所示。

经 DA 算法寻优后，$RMSE$ 指标出现了不同程度的下降，训练集误差指标 $RMSE$ 下降了 0.08121，测试集误差指标 $RMSE$ 下降了 0.10737，R^2 分别增加了 0.00275 和 0.00465。这是因为通过 DA 优化算法的寻优避免了局部最优化的问题，从而提升了预测的准确性。DA 算法以其模拟飞行动物觅食行为的策略而知名，该算法可以进行有效的全局搜索，并且能够避免陷入局部最优解。这使得 DA-GRU 模型在训练过程中更有可能找到全局最优或近似最优解。通过两者的误差对比可以发现，改进后的 DA-GRU 网络对变压器绕组温度的预测更准确。

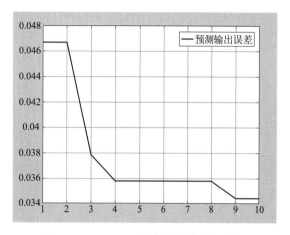

图 9-16　DA-GRU 的预测输出误差曲线

9.2　基于 GWO-LSTM 神经网络的电力变压器绕组变形的诊断策略研究

9.2.1　GWO 算法原理

（1）等级模型

GWO 优化的灵感来自灰狼。GWO 算法模拟了自然界中灰狼的领导阶层和狩猎机制，他们有一个非常严格的社会等级制度，如图 9-17 所示。

其中，第一层是 α 层狼群作为种群中的领导者，负责带领整个狼群狩猎猎物，也是优化算法中的最优解。第二层是 β 层狼群，负责协助 α 层狼群，即优化算法中的次优解。第三层为 δ 层狼群，听从 α 和 β 的命令和决策，负责侦察、放哨等，α 和 β 中适应度差的也会降为 δ。最后一层为底层狼群，它们环绕 α、β 或 δ 进行位置更新。

灰狼的狩猎过程为：先包围、跟踪猎物，然后追捕、骚扰猎物，最后攻击猎物。

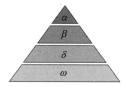

图 9-17　灰狼种群的等级制度

（2）包围猎物

灰狼在狩猎过程中实现对猎物的包围的位置更新公式如下：

$$D = |C \cdot X_P(t) - X(t)| \tag{9.19}$$

$$X(t+1) = X_P(t) - A \cdot D \tag{9.20}$$

其中，式（9.19）表示个体与猎物之间的距离，再根据式（9.20）对灰狼位置进行更新。符号"·"表示矩阵的 Hadamard 乘积操作，为当前的优化迭代次数；A 和 C 为协同系数向量；t 表示当前迭代次数；X_P 为猎物的位置；$X(t)$ 为灰狼个体第 t 代的位置；$A \cdot D$ 表示灰狼对猎物的包围步长。

系数 A 和 C 的计算公式

$$A = 2ar_1 - a \tag{9.21}$$

$$C = 2r_2 \tag{9.22}$$

其中式（9.21）和式（9.22）中的 r_1、r_2 是 $[0,1]$ 中的随机值。为了模拟逼近猎物，A 是区间 $[-a, a]$ 中的一个随机值，其中 a 在迭代过程中从 2 减少到 0。

（3）狩猎猎物

在自然界中，灰狼群体的狩猎行为一般由头狼即 α 狼引导，而其他各等级的灰狼负责配合 α 狼，对猎物进行包围、追猎。但在优化计算的过程之中，最优解的位置 X_P 是未知的。因此在 GWO 中，认定最优的灰狼为 α 狼，其次优的灰狼为 δ 狼，第三优的灰狼为 δ 狼，其余的灰狼为 ω 狼，迭代过程之中以 α 狼、β 狼和 δ 狼的位置来指导 ω 狼的移动，从而实现全局优化。即保存迄今为止取得的三个最优解决方案，并利用这三者的位置来对最优解进行搜索，同时令其他个体依据当前的最优解来进行位置更新。

灰狼个体追踪猎物位置的数学模型的公式为：

$$\begin{cases} D_\alpha = |C_1 \cdot X_\alpha - X| \\ D_\beta = |C_2 \cdot X_\beta - X| \\ D_\delta = |C_3 \cdot X_\delta - X| \end{cases} \tag{9.23}$$

式中，D_α、D_β、D_δ 和分别表示 α 狼、β 狼和 δ 狼与其他个体间的距离；X_α、X_β 和 X_δ 分别代表 α 狼、β 狼和 δ 狼当前的位置；C_1、C_2 和 C_3 是随机数；X 是灰狼个体的当前位置。ω 狼受到 α 狼、β 狼和 δ 狼影响调整后的位置，分别表示为 X_1、X_2 和 X_3，位置计算公式如下，一般取其平均值：

$$\begin{cases} X_1 = X_\alpha - A_1 \cdot (D_\alpha) \\ X_2 = X_\beta - A_2 \cdot (D_\beta) \\ X_3 = X_\delta - A_3 \cdot (D_\delta) \end{cases} \tag{9.24}$$

最终 ω 狼个体的位置为：

$$X(t+1) = \frac{X_1 + X_2 + X_3}{3} \tag{9.25}$$

灰狼个体的位置更新方式如图 9-18 所示。

GWO 算法的实现流程如图 9-19 所示。

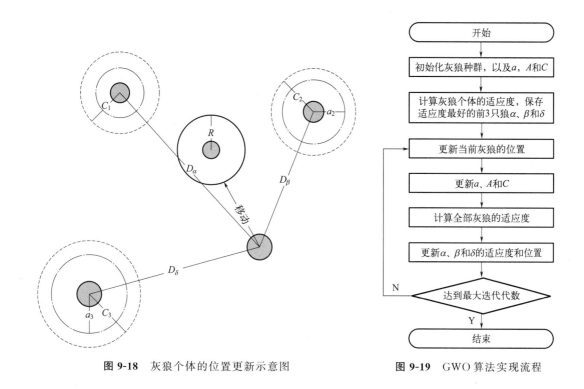

图 9-18　灰狼个体的位置更新示意图　　　　　**图 9-19**　GWO 算法实现流程

灰狼优化算法的位置初始化通常是在搜索空间内随机生成一组初始解。在初始化阶段，灰狼群体的位置是随机分布的，以便开始搜索过程。具体的位置初始化步骤如下：首先确定问题的搜索空间，例如对于每个维度，确定一个上下界范围，确保搜索空间覆盖了可能的最优解；然后对于每一只灰狼，随机生成一个初始位置作为其当前位置。这些初始位置应该在搜索空间内，并且尽可能地广泛分布，以增加搜索的多样性。需要注意的是，初始解的生成应该考虑到问题的特性和搜索空间的大小，以及对跨越边界的维度的处理，能够将对应出界的维度拉回最近的边界，以确保算法能够在合理的时间内找到较好的解。

9.2.2　GWO-LSTM 神经网络

GWO 主要是用来优化 STM 模型的超参数，包括隐含层神经元数目、训练迭代次数、学习率和小批量样本数，这些超参数对于 LSTM 模型的性能和收敛速度具有重要影响。需要通过 GWO 对 LSTM 神经网络的超参数进行寻优，当在超参数空间中找到最优的组合后，根据这个超参数组合设置 LSTM 神经网络，然后再应用预测。

结合图 9-19，所设计的 GWO-LSTM 神经网络模型的训练流程如图 9-20 所示。

9.2.3　仿真实验

仿真实验的主要步骤包括数据读取、预处理、LSTM 模型训练和优化到模型预测。读取数据并将其划分为训练集和测试集，对数据进行归一化处理。然后定义 LSTM 模型的神经网络层次结构和训练选项，训练 LSTM 模型并使用测试集进行验证，计算各种误差指标。

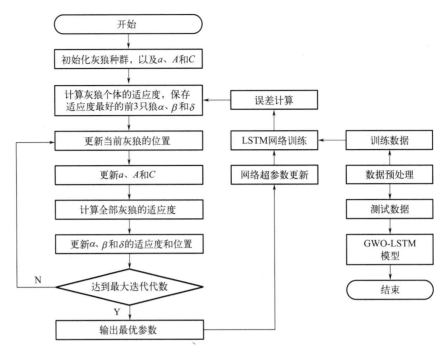

图 9-20　GWO-LSTM 神经网络模型训练流程

用 GWO 优化算法来优化 LSTM 模型的超参数，再次进行模型训练和预测，其误差曲线以适应度曲线形式描述，如图 9-21 所示。经过 GWO 优化后的 LSTM 神经网络拥有良好的收敛性能，能够在迭代的初始阶段就迅速收敛到 1.2，与传统神经网络相比初始适应度值更低。其次优化后的 LSTM 神经网络拥有良好的全局寻优能力，可以随迭代次数有效跳出局部最优。优化给出的最佳超参数组合为 [0.02，24.55，133.44，200，34.44]，据此构建 LSTM 神经网络，再次对测点编号、数据集进行学习训练。

　　为了检验 GWO-LSTM 网络预测性能，将真实值与传统的 LSTM 神经网络预测的结果与其对比，如图 9-22 所示。

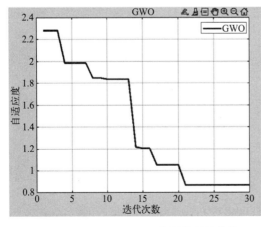

图 9-21　GWO-LSTM 网络训练误差曲线

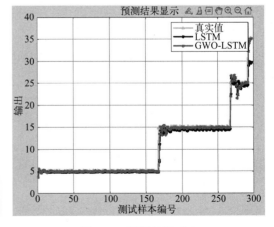

图 9-22　预测结果对比

相较于传统 LSTM 神经网络，GWO 优化后 LSTM 模型的预测结果更加接近真实值，两种网络的预测误差结果如图 9-23 所示。

应用四种误差评价指标函数，计算的量化误差结果对比如图 9-24 所示。

由仿真结果可知，相较传统的 LSTM 神经网络，GWO-LSTM 神经网络的精度更高，且拥有对超参数的选取能力。

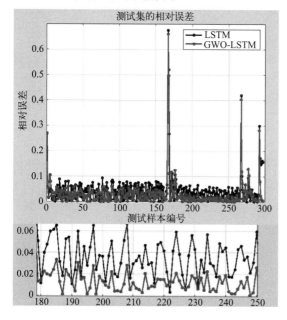

图 9-23　两种网络的预测误差结果

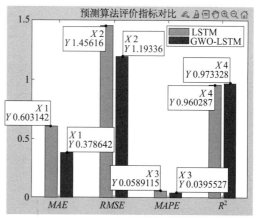

图 9-24　两种神经网络对应的四种误差评价指标

本节首先介绍了灰狼优化算法（GWO）的原理和应用。GWO 模拟了灰狼群体的狩猎行为和社会等级制度，分为 α、β、δ 和 ω 四个等级。灰狼在狩猎过程中通过包围、跟踪和攻击猎物来获取食物，算法中利用了一系列位置更新公式来模拟这一过程。然后介绍了 GWO-LSTM 神经网络模型，该模型主要利用 GWO 优化 LSTM 模型的超参数，包括隐含层神经元数目、训练迭代次数、学习率和小批量样本数等。通过 GWO 对这些超参数进行寻优，可以得到最优的超参数组合，从而提高 LSTM 神经网络的性能和收敛速度。最后进行仿真实验，将预测结果与真实值以及传统 LSTM 预测结果相比较，分析其误差参数。实验结果表明，相较于传统 LSTM 神经网络，GWO-LSTM 具有更好的自适应度以及更加精确的预测能力。

参 考 文 献

[1]　张铮 . MATLAB 教学范本程式设计与应用［M］. 台北：知城数位科技股份有限公司，2002.

[2]　张德丰，雷晓平，周燕 . MATLAB 基础与工程应用［M］. 北京：清华大学出版社，2011.

[3]　孙篷 . MATLAB 基础教程［M］. 北京：清华大学出版社，2011.

[4]　肖伟 . MATLAB 程序设计与应用［M］. 北京：清华大学出版社，2005.

[5]　王正林，刘明 . 精通 MATLAB：升级版［M］. 北京：电子工业出版社，2011.

[6]　薛山 . MATALAB 基础教程［M］. 北京：清华大学出版社，2011.

[7]　闻新，占弘廷，李有光，等 . MATLAB 基础实例教程及在航天中的应用［M］. 北京：北京理工大学出版社，2022.